# 家庭醫生

## 守護健康最前線

顏寶倫醫生 著

# 目錄


自序 ......4

前言：全能足球 全科醫生 ......6

第一章：小病還是大病？求診前了解常見的家庭病 ......15

**【一】常見家庭病** ......16

感冒定傷風？流感病毒 vs 鼻病毒 ......17

你夠血嗎？ ......22

冷氣攻略 ......27

病毒攻略 ......31

「胃酸倒流」對「幽門螺旋菌」 ......35

水腫的疑慮 ......40

甲乙丙丁戊 ......44

甲狀腺，器官小，問題多 ......48

甲狀腺功能亢進要驗清楚 ......53

甲狀腺，冇乜事，唔好照 ......58

**【二】踏入中老年，要知道的健康常識** ......62

入伍了，要做甚麼？ ......63

上壓 130，下壓 80：你有高血壓？ ......69

發福，不是真福 ......74

三高總攻略 ......79

五十歲的勞損症 ......84

抽筋、拉筋 ......89

醫生「生蛇」 ......93

食得，原來真是福 ......99

插喉？拔喉？談預設醫療指示 ......103

【三】苦口不一定是良藥 107
抗生素的迷思 108
阿士匹靈：冇病，食定唔食？ 113
「吃，還是不吃，那是個問題。」 117
再談「萬能丸」 121
質子泵抑制劑怎樣用才最好？ 125
藥物總有副作用？ 129

第二章：行醫有術——做個有溫度的醫者 133
媽媽有抑鬱症嗎？ 134
可以不按本子辦事嗎？ 138
要轉介專科嗎？ 143
不帶批判的溝通 147
話你冇病好難 151
風險配焦慮 155
麻痺的疑惑 159
上醫醫人，中醫醫病，下醫醫數字 163
害羞也是病嗎？ 167

第三章：醫療資訊真偽難辨，只信循證醫學 173
有關係的問題 vs 有問題的關係 174
因果關係，醫學研究 180
乳房造影篩查，利弊必須清楚 185
一人獲益的代價 189
以毒換毒，可以嗎？ 194
你會早死啊！ 198
認清風險：相對 vs 絕對 202
難為「正常」定分界 206

結語：家庭醫學，改變世界 212

# 自序

回想當初畢業時的志願，是希望當上「外科醫生」……幸好當時外科教授知人善任，沒有選上我做 surgeon，否則以我笨手笨腳、粗心大意的性格，那肯定會死得人多！

結果誤打誤撞，成了個「家庭醫生」，更在公營醫療的同一間診所持續工作，一直做了超過二十年！這也許更符合我安於現狀、不思進取的性格，卻同時又有幸親身實行了家庭醫學中「持續照顧」這一項要義！很多病友都是認識超過二十年的老友記，一起經歷老病至死；同時也照顧過一個家庭裡的各位成員，共同見證人生裡的各個階段。

一個初出茅蘆的外科醫生，跟一個超過廿年經驗的「金刀」相比，做手術的技術肯定有天淵之別，金刀做得到的大手術，新手當然做不到。那麼一個新手家庭醫生跟一個做了廿年的家庭醫生相比，平日見的都是社區裡的男女老幼，看的都是類似的常見病症，開的都是相近的藥物，實質上又有甚麼分別嗎？

現在回想，有經驗的家庭醫生，其中一項功力就是能夠更準確地為病人分辨有病定冇病，是小病還是大病早期；分辨過後，能為病人更準確地計劃下一步，帶領病人走條正確的路。一個稱職的家庭醫生一方面不要「睇漏眼」，要為病人更早發現嚴重的病患，另一方不要「亂咁點」，為小病冇病的病人做過多的檢查治療轉介，甚至最終帶來傷害。本書的文章很多都是圍繞著這個主題，希望説明家庭醫生如何用盡方法，扭盡六壬，為社區裡的病人分辨和處理各科各門的小病大病。

我是個在最前線工作的醫生，多年來除了坐在診症室看病人外，幾乎甚麼都不懂。有幸認識到香港家庭醫學學院一群志同道合的同事，共同研究「實證醫學」；其後在二〇〇六年開始，在學院於《信報》的醫療版專欄寫健康教育的文章，一直寫到現在。書中大部分文章的初稿都曾經在《信報》專欄刊出（從二〇一三年三月至二〇一九年十一月），謹在此感謝《信報》惠允轉載文章，並對本港家庭醫學發展的支持。

感謝香港家庭醫學學院各位會董多年來對我的支持，尤其是院監傅鑑蘇醫生的鼓勵和稱許；更要感謝學院公眾教育委員內一起並肩趕稿的同事，特別要感謝亦師亦友的林永和醫生和陳潔玲醫生。

下筆時正值新型冠狀病毒在全球大流行，香港正面對第二波疫情的嚴峻挑戰，盼望大家同心抗疫，自愛自律，互助互補，一起捱過這場防疫戰。若果此時讀者幸運地已有自己的家庭醫生作強大的健康支援，那就恭喜你有這份額外的安穩了！

顏寶倫醫生

二〇二〇年　春

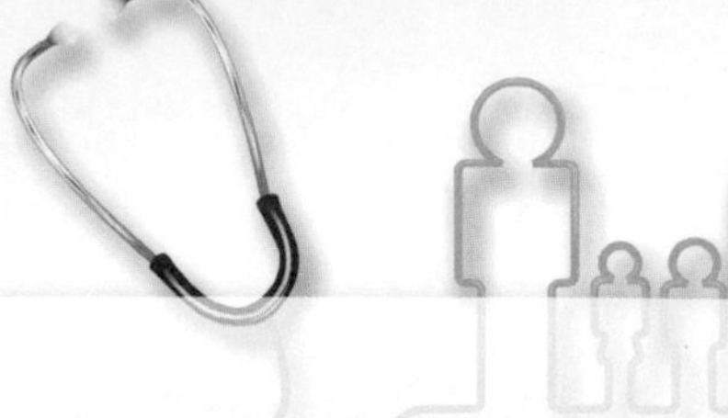

# 前言：全能足球 全科醫生

我是個標準足球迷，睇波多年，沒踢波更多年。睇波時，見到足球場上，兩隊廿二位球員各有職份，有前鋒、中場、後衛及守門員，加上四位球證，一起在球場上追著那個足球，各自在其位置上全力以赴，彷彿也看見了全科醫生在社會上所擔當的角色。在球場上，球隊要爭勝，球員除了需要懂得靈活運用戰術，他們的位置也不可以一成不變，有時候前鋒要回防、後衛要助攻、中場更要瞻前顧後……更激動人心的，是守門員在最後爭勝時刻，跑到對方禁區充當前鋒去進攻！

在社區裡服務的家庭醫生，其職份跟球員們的角色異曲同工，雖然他們不是為要在比賽中爭取勝利，但在保衛市民健康及為社會醫療資源把關方面，家庭醫生也需要同時演繹著不同的角色。

## 家庭醫生——服務社區的全能足球員

「前鋒」，要在前線衝鋒陷陣，家庭醫生在社區也是處於最前線的地位，是病者的「第一接觸點」（first point of contact）。在理想的基層醫療架構中，病人各式各樣的健康問題都應首先找其熟悉的家庭醫生作第一步評估。家庭醫生認識病人及其家人，熟悉社區，在理想的情況下可以隨時接觸病者，而且不需要額外的輪候時間。舊病人若果有新問題，自然首先找自己的家庭醫生求助；新病人亦應習慣找一直照顧著自己家人的家庭醫生作第一步的診治。

一個好的前鋒球員能把握一瞬間的機會去入球，家庭醫生亦會把握每次跟病者接觸的機會，為病者提供合適的健康建議。例如一位中年男士因突發的傷風咳嗽見醫生，家庭醫生在診治完後，就會把握機會替他量度血壓（可能他過去多年也沒有量過血壓），或跟他討論吸煙的問題，鼓勵病者開始行動去戒煙。到了下一次診症見面時，談到的可能是健康飲食、恆常運動、控制體重、工作壓力等問題。這些看來平常卻實在重要而貼身的健康議題，正是要醫生把握病人當時所需，因勢利導，不「硬銷」，看準機會，不叫人反感，得到最理想的效果。

一個優質「中場」是球隊的「指揮官」，負責「分波」的角色。而家庭醫生其中一項重要角色，就是為病人作「領航員」，引領病人找尋最合適的健康資源和醫療服務。家庭醫生既了解病人的真正需要，又熟悉各項醫療資源的特質，正好當中介人，為病人和醫療服務作最好的配對。

例如治理一位患有腰背痛的病人，醫生會評估是否需要X光、磁力共振等檢驗；是否需要服用退炎止痛藥，還是局部注射治療，甚至做手術；是否需要做物理治療，還是建議病人自行做適當的運動，而哪類型運動才最合適；是否需要轉介骨科醫生作進一步的評估，轉介又是否緊急；痛症背後，病人是否受到負面情緒或壓力的影響；怎樣安排跟進才最好呢？這些不同問題，關係到不同的其他醫療服務，可以有很多不同的配搭。仔細考慮病者真正所需，平衡分析每項選擇的利弊，帶病人走一條合適的道路，正是這中場大腦的功力所在。

中場要助攻助守，技術要求更是全面。家庭醫生亦是這樣，醫學知識要極為廣泛，對其他不同範疇如人文科學、人際溝通，甚至人情世故、社會變化都有鑽研，以求更全面去理解病人，提供跨越專科、全人全面的醫治。

球場上的「後衛」，防禦敵方進攻，叫球隊無後顧之憂。守護病人健康、做好「預防」正是家庭醫學的一大重點。無論是第一層預防（即防止疾病發生）、第二層預防（即及早找出疾病，盡快展開治療），到第三層預防（即避免疾病惡化、減少併發症）的工作，都是家庭醫生的重要職份；而預防過度診斷、過度治療，保護大眾免於受無端醫療所害的「第四層預防」，更唯有是家庭醫生才能肩負的責任。只有做好各層預防工作，才能保障病人的最大福祉，令整體醫療開支得以有效控制。

球場上把守最後一關的，是「守門員」（goal keeper）。若果守的是龍門，那每失守一球自然便是失敗一次。家庭醫生不是守門員，而是個醫療資源的「把關人」（gate keeper）。「把關人」沒有守門員那勝負之分，需要把守的是病人獲得進一步醫療資源、進入更高層醫護服務的「關口」。正因為每項醫療服務都需要成本，最重要便是找回真正需要這些服務的病人。為不同「病人」和不同「服務」作出最合適的配對，一方面令資源用得其所、避免錯配；另一方面可以令到每位病人因著其個別情況得其所需、恰如其分。把守好這關口，做好分流工作，方是個稱職的家庭醫生。

「球證」可算是球場上最重要一人，必須公正嚴明，不偏不倚。家庭醫生服務社區，接觸層面廣泛的普羅大眾，如能公正考慮每位病人的真實健康需要，而並非其經濟能力（你付得起錢嗎？），可以大大減少因為醫療愈來愈商業化所引致的「健康不平等」（health inequality）。病人不會因貧窮缺乏而得不到醫治，也是家庭醫生可以出力的地方。

七十年代荷蘭隊全盛時期的「全能足球」，十上十落，每位球員在球場上都可以踢不同位置（申報：本人是荷蘭隊世仇德國隊的忠粉）。這樣看來，家庭醫生亦是個「通天老倌」，在醫療系統裡同時擔當著不同的職份。「全科醫生」這個名字，就更能恰當形容其獨特的角色！

## 家庭醫學，是專科嗎？

經常有朋友問：「家庭醫學」到底是不是「專科」？大眾對「專科」的理解和印象，似乎只局限在臨床上「專門」針對某些特別系統裡的病患，或照顧某些特定群組病人的醫學科目。前者如眼科、耳鼻喉科、心臟科、腸胃科、皮膚科、腎科、泌尿科等等；後者則有兒科、婦產科、老人科等。「專科」專為其專注專長的知識和技能專門發展，是以方為專科。因此根據這定義，其範疇也可以說是「狹窄」的；只需要專注本科，對其他專科的認識則應該不多，也不需要多。

「家庭醫學」當然也是專科，但就跟上述的定義有所不同，甚至有些相反！家庭醫學又可以稱作「全科」，英文為「general practice」。這樣去理解就很清楚了：全面的專科，即這科的範疇最廣最闊，處理病人問題時要考慮和照顧的也是最全面。「全」跟「專」這兩個字，在字面上似乎有些衝突，但將家庭醫學理解為「以全面為專業」的專科，那就解釋得明白了。

若果在田徑場上比賽，家庭醫生就是專攻「十項全能」的運動員：各項田賽和徑賽項目都要接受全面訓練，以取得最終的最佳總成績。若跟只專門針對個別項目的運動員比較，十項全能的運動員應該是有所不及；但全面正是其強項，全部項目都要有高水準，表現全能平均方是最好。

## 與病人及病人的家人建立互相信任的關係

家庭醫學理論上簡單，實踐起來卻是易學難精。首先最基本當然是要有廣博的醫學學識，各專科的最重要學問都必須熟悉；跟著便要懂得融匯貫通地運用在不同的病人身上，並要在同一時間內處理病人眾多又複雜的問題。另外，家庭醫學是最「講關係」的專科：講的除了是與病人建立互相信任的關係，還須與病人家人建立互相信任的關係。

很多時候病人因為病患或年齡關係，很多事情反而不及旁觀者清。因此，病人身邊最親近的家人是提供病歷及背景資料最好的幫手，而且他們也是觀察及協助管理病人最有效的渠道，例如提醒他們定時吃藥，或鼓勵他們戒掉對健康不利的壞習慣。故此，家庭醫生往往期望可以跟病人家人建立長期關係，共同成為病人的最重要健康伙伴。同時，認識病人與家人，自然更懂得、更用心去醫好病人。與病人真誠溝通，理解其所思所慮，建立長久關係，是家庭醫生極重要的專門所在。

## 「醫院」vs「社區」

其他臨床專科與家庭醫學的異同，可用「醫院」對「社區」的分別去理解。住在「醫院」的病人，必定是患上某些嚴重的病患方要入院，必須配合各個臨床專科的專門治療，才能處理好該病症的特殊情況。家庭醫學則是屬於「社區」的專科：社區裡的男女老幼，在家庭、學校、職場、社會裡各有本份，但在任何時候都可以有健康問題，也有不同的健康風險，但整體狀況肯定跟醫院裡所見的非常不同。

在「社區」裡的病人，其健康問題大部分都是可以自行好轉的小毛病，但小部分也可以是嚴重病症的初期徵兆。如何分辨小病和早期大病，如何按病情分別處理，又如何充分考慮病人的背景，家庭醫生作出的醫療決定可以有極多變化。因此家庭醫學也就是屬於社區裡「個人」的專科，考慮著每個人不同的情況，配對上最合適的醫療資源和服務。

## 「善用時間」的專科

家庭醫學也是最懂得「善用時間」的專科。排除少部分緊急的病症，社區裡常見的大多數都是較慢性的長期病患，可以利用長時間去觀察其變化及慢慢調理。因此，家庭醫生在持續跟進病人的過程中，往往可鼓勵病人建立健康的生活習慣，靜觀其變，利用或短或長的時間作為診斷的工具，很多時候最後都能為病人找到最佳的選擇。

## 「家庭醫生」的資格

「家庭醫生」這名字沒有專利，自稱「家庭醫生」也不代表定必會持有更高的家庭醫學培訓資格。概念上來説，在社區服務，實踐家庭醫學原則理念的醫生，都可稱為「家庭醫生」。然而，若要以家庭醫學為「專科」，那麼就必然需要該專科的專業專門培訓。

在香港，家庭醫學專科跟其他所有專科一樣，都需要根據「香港醫學專科學院」的要求，完成最少六年有督導的培訓，並通過必需的專科考試後，才能成為「專科醫生」。香港的家庭醫學培訓有兩個重要的考核：先是「香港家庭醫學學院」的院士考試，之後是最高層的「香港醫學專科學院（家庭醫學）」的院士考試。完成後，方可稱為家庭醫學專科醫生。另外，負責培訓的香港家庭醫學學院，多年來都一直有舉辦「家庭醫學文憑」（Diploma of Family Medicine）的課程，協助尚未有更高專科資歷，但有心有力進修的同袍在專業上進步。

此外，因為家庭醫學的範疇極廣，所有其他醫學專科的知識都跟我們相關，故此持續的專業進修，保證家庭醫生與時並進，並不斷更新各科的新發展，對家庭醫生尤其重要。也可以説家庭醫生同時也是在畢業後最勤力的醫科學生，一面服務病人，一面又不停參加「持續醫學教育」（Continuous Medical Education），積極上課用功，吸收知識；同時家庭醫學專業的同袍也參與「持續專業發展」（Continuous Professional Development）的活動，將家庭醫學的專業與大眾及同業分享。

## 家庭醫生如何獲得最新的藥物資訊？

醫學界有眾多「持續醫學教育」活動，當中很多是關於各科各門病症的新發現、各種預防與治療方法的新發展，這都是前線家庭醫生獲得最新藥物和治療資訊的途徑。誠然，當中很多活動，包括講課、研討會等，都會有藥廠贊助，而藥廠的終極目的自然也就是銷售旗下的新藥物，藥廠的代表也定必藉著這些活動來向醫生推銷。同時，也有很多免費的醫學雜誌會定期寄給醫生，裡面的新醫藥資訊，其實也是由藥廠提供的。因此，家庭醫生在接收那些藥廠的贊助和資料時，亦即是有潛在利益衝突的資訊時，必須抱著批判的角度去解讀，不能盲目地跟隨。

再者，以「實證醫學」（evidence-based medicine）為根基的「嚴格評審」（critical appraisal），是家庭醫生在受訓時必須要掌握好的技能，也是在接收新藥物和治療資訊前必須經過的過濾步驟。若果對可能存有偏差的醫藥資訊有懷疑，或想獲得更詳盡準確的第一手醫藥資料，家庭醫生可以閱讀一些重要醫學期刊裡面的高質素研究報告，以嚴格評審的方法來作反覆驗證。

簡單而言，當你有任何健康問題時，第一時間想去看，又可以便利地找到的醫生，就是你的家庭醫生了。

# 第一章

# 小病還是大病？

## 求診前了解常見的家庭病

# 【一】
# 常見家庭病

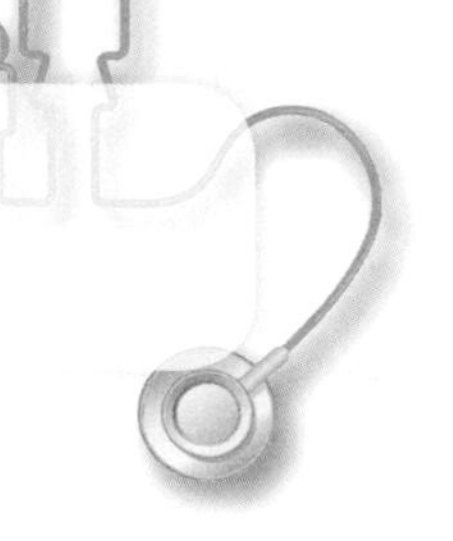

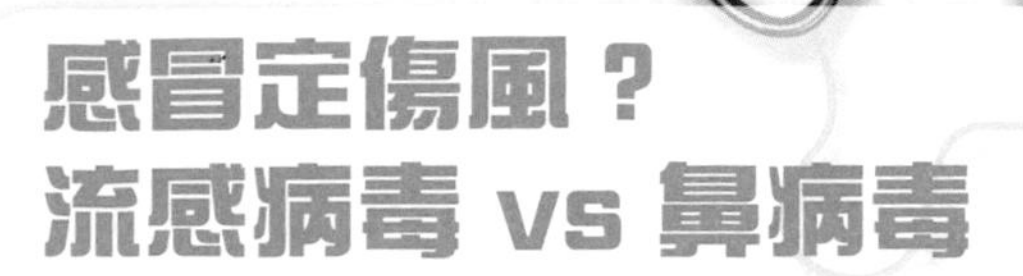

# 感冒定傷風？流感病毒 vs 鼻病毒

有人認為傷風感冒是芝麻綠豆的小事。是的，絕大部分的傷風與感冒都會自行好轉復原，服用的藥物大多數也只是用來紓緩患病期間的身體不適。兩者病人的病徵都是咳嗽、流鼻水、打噴嚏、喉嚨痛、加減發熱發冷肌肉酸痛。病人經常會問：「醫生，到底我是患上『傷風』還是『感冒』？」每位病人對這兩者的理解可能會各有不同，但臨床上實際是有更清晰的理解。

## 感冒的致病病毒

傷風感冒泛指由病毒引起的「上呼吸道感染」（upper respiratory tract infection）。要清楚分辨「感冒」與「傷風」，那麼首先得了解兩者的致病病毒。先説「感冒」：這泛指由「甲型流感病毒」（influenza virus A）或「乙型流感病毒」（influenza virus B）引致的「流行性感冒」。「甲型流感病毒」毒性最強，可以感染人類和其他動物，如豬、禽鳥、馬、海狗等；「乙流病毒」也強，但對比甲流稍弱，只會感染人類。（也有「丙型流感病毒」，但感染病情通常較輕微。）

## 對呼吸道的影響

流感病毒由飛沫傳染，病毒可以入侵整個呼吸道，包括「上呼吸道」（鼻到喉部）和「下呼吸道」（氣管、支氣管到肺部）黏膜的細胞。它的表面有兩個重要的抗原蛋白，就像兩把利刃：「血細胞凝集素」（H：hemagglutinin）和「神經氨酸苷酶」（N：neuraminidase）。H 抗原割開呼吸道細胞的細胞膜，負責入侵；病毒在感染宿主細胞後，進入細胞核內，迅速不斷大量複製，在重組後，就由 N 抗原割破細胞膜，將新生的病毒釋放出來，並殺死被感染細胞。

入侵過程劇烈地刺激我們的呼吸系統，令我們咳嗽、流鼻水、打噴嚏，結果將受感染的分泌物噴射出來，這完全正中流感的下懷——一次大噴嚏可以噴出超過一萬顆飛沫，每顆飛沫有數以百萬計的病毒粒子，被散播出去後，就去尋找下一個人類去感染！

流感可以入侵下呼吸道，導致更嚴重的氣管炎和肺炎。不過單純由流感病毒引起的肺炎很少見，絕大多數是併發出來的「細菌性肺炎」。因為呼吸道的黏膜細胞已經被病毒破壞，外來的細菌便可以乘虛而入，做成更嚴重、甚至是可致命的感染。

患上流感後，身體最辛苦是發高熱、發冷、渾身酸痛、肌肉無力，但這些都不是直接由病毒所致。當免疫系統監察到有病毒在身體內複製，如偵測到病毒獨有的「雙鏈 RNA」，便會觸發身體強烈的免疫反應。其中身體的「先天免疫系統」（innate immune system）中有「干擾素系統」（interferon system）：受感染的細胞製造出「干擾素」，響起警號去叫免疫系統全力起動對抗感染，以「干擾」病毒的繁殖。干擾素系統是對付病毒的極重要免疫反應，但這一系列的反應在殺滅病毒的同時，也會令到身體出現發熱發冷、酸痛無力、極其疲倦這些嚴重不適。嚴格來説，這些病徵非病毒所致，而是自我免疫系統發揮功能的結果。

## 最常見引致傷風的病毒

再説比較起來輕微得多的「傷風」。很多不同種類的病毒可以引致傷風，而最常見的是「鼻病毒」（rhinovirus）。真正流感大家或許幸運仍沒有試過，但傷風時打噴嚏、流鼻水、鼻涕倒流卻肯定有試過，可見鼻病毒的傳染性有多強、多普遍。顧名思義，這病毒主要是入侵我們的鼻腔和附近的上呼吸道，卻甚少會感染肺部。因為這病毒不愛高溫，最佳的生長溫度是攝氏 33 至 35 度，比我們的中央體溫低，最接近我們鼻腔和上呼吸道的溫度。

吸進有鼻病毒的飛沫後，病毒便入侵鼻腔和周圍黏膜細胞的細胞質，迅速繁殖，約在七小時內已可以在一個細胞內複製數以千計的新病毒。被鼻病毒感染的細胞，自身製造蛋白質的能力被壓抑了，不能有效製造出干擾素，結果沒有引發出相關的免疫反應，也就沒有出現發燒發冷等全身性的病徵。但這自然也是如鼻病毒所願——它不愛高溫，若果被感染後會發高燒，那豈非是自取滅亡？被感染後，患者只需打打噴嚏、流鼻水、咳嗽，將病毒從飛沫再傳播開去就足夠了。

## 「鼻病毒」生生不息

那麼鼻病毒是更強嗎？倒也不是，因為我們先天免疫系統的其他成員可以很有效地擊潰它。這包括由白血球去吞噬受感染的細胞，由一系列血液裡小分子球蛋白組合成的「補體系統」（complement system）被激發來打穿細菌、病毒的外膜，加上各種炎症的反應等。這部分的先天免疫系統反應，可以快速消滅這病毒，結束這次感染。不過鼻病毒除了引致傷風、咳嗽、喉痛外，也可以併發中耳炎和鼻竇炎，甚至激發哮喘發作，所以也並非是單純的小病。

那為何我們仍不斷重複被鼻病毒感染，傷風不停呢？那是因為鼻病毒雖然迅速向先天免疫系統投降，卻因此而沒有機會啟動到較遲才開始出現的「後天免疫系統」（acquired immune system），結果不能夠生產出足夠專門對抗這病毒的「抗體」（antibody）來預防下一次感染。故理論上同種的鼻病毒，可以重新感染同一個人。加上鼻病毒品種繁多（已知可感染人類的超過 100 種），而且變種迅速，新的品種不停面世，不斷繼續感染人類，繁衍下去。

同樣是上呼吸道感染，流感病毒和鼻病毒感染的特質非常不同。臨床上，真正流感比普通傷風嚴重和危險很多，必須好好預防。冬天將臨，又到了打流感針的時候了。今季疫苗裡的甲型流感 H3N2 成份是新的一種，加上今年各項風險都似乎特別高，為了保護自己、保護他人，還不快去打針？

## 「感冒」與「傷風」異同概覽表

| | 感冒 | 傷風 |
|---|---|---|
| 病毒類型 | 甲型流病毒<br>乙型流感病毒<br>丙型流感病毒 | 很多不同種類的病毒，最常見的是「鼻病毒」 |
| 受影響的呼吸道 | 「上呼吸道」（鼻到喉部）和「下呼吸道」（氣管、支氣管到肺部）黏膜的細胞 | 鼻腔和附近的上呼吸道，甚少會感染肺部 |
| 病徵 | 咳嗽、流鼻水、打噴嚏、發燒 | 咳嗽、流鼻水、打噴嚏 |
| 免疫系統的反應 | • 當免疫系統監察到有病毒在身體內複製，如偵測到病毒獨有的「雙鏈 RNA」，便會觸發身體強烈的免疫反應。<br>• 其中身體的「先天免疫系統」中有「干擾素系統」：受感染的細胞製造出「干擾素」，響起警號去叫免疫系統全力起動去對抗感染，以「干擾」病毒的繁殖。<br>• 「干擾素系統」是對付病毒的極重要免疫反應，但這一系列的反應在殺滅病毒的同時，也會令到身體出現發熱發冷、酸痛無力、極其疲倦這些嚴重不適。 | • 「白血球」吞噬受感染的細胞、由一系列血液裡小分子球蛋白組合成的「補體系統」被激發來打穿細菌、病毒的外膜，加上各種的炎症的反應等。<br>• 這部分的先天免疫系統反應，可以快速消滅這病毒，結束這次感染。<br>• 但因為沒有啟動後天免疫系統，結果不能夠生產出足夠專門對抗這病毒的抗體來預防下一次感染。 |

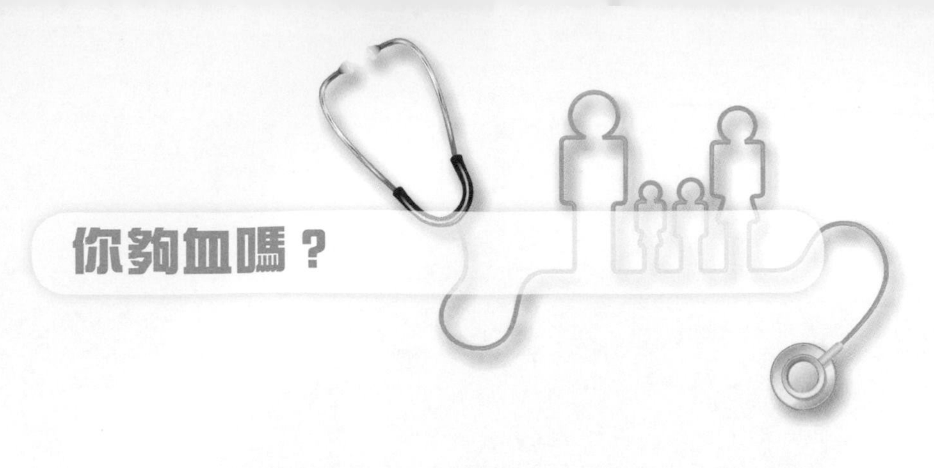

# 你夠血嗎？

二〇一八年的冬季，天氣普遍寒冷，本地流行性感冒亦進入高峰期，身邊不少朋友都已經中招病倒，工作的機構運作多少因此受影響。同時，社區上有一個機構的日常服務也正受到寒流大大打擊，那就是我們「香港紅十字會」的捐血服務！根據紅十字會輸血服務中心的數據分析，發現每當室外氣溫低於攝氏 14 度，捐血人數便會下跌 10% 至 30%。持續的低溫，肯定會令到全港的血液供應出現大壓力。在此呼籲，各位 16 至 65 歲合符捐血要求的朋友，快去紅十字會「捐血救人」！

好些專程去捐血的有心人到了紅十字會的捐血站才發現自己不合格，過不了測試「血色素」（hemoglobin）的一關。捐血時，紅十字會的工作人員會為捐血朋友「拮手指」，以一滴血去測驗血色素，朋友通常就是在這環節發現自己的血色素過低，原來自己患有「貧血」（anaemia）而不自知！當中最常見的原因是年輕女士因為月經長期失血，補充鐵質不足所致。

## 患有「貧血」而不自知

佩嫻現年四十歲已婚，是全職媽媽，有兩個分別五歲和三歲的兒子；她不計劃再生育，現在由丈夫以避孕袋避孕。今天醫生第一眼見到佩嫻，已經觀察到她臉色蒼白。佩嫻是來看傷風感冒，一般檢查完成後，醫生問佩嫻：「你發現自己面色很蒼白嗎？」

佩嫻有些愕然，回答說：「是嗎？我每天照鏡倒也不覺。」醫生再問：「你覺得活動起來容易氣促嗎？會特別怕冷嗎？」「也是啊！我近來走得急便頭暈氣喘，過條天橋都很吃力，我還以為是因為照顧兒子太累了。而且這個冬天我真的很怕冷啊！」醫生先為佩嫻檢查眼睛，發現她下眼瞼內和口腔內上顎的黏膜很蒼白；手掌、手指甲底也呈蒼白沒血色。

醫生問她月經的情況，佩嫻說：「我的經期尚算正常。」醫生追問更仔細的詳情。她說：「小兒子出世後，我的經期每個月都早一兩日，每次來五日左右；頭兩日都算來得多，厲害時差不多一個鐘頭就要換一塊衛生巾，每次都很多血啊！」醫生再問：「那有血塊嗎？」佩嫻說：「有啊！頭兩日都有血塊。」

醫生回應說：「那麼你的經期怎算正常呢？你定是因為長期經期失血過多以致貧血，而且相當嚴重，因為你已經出現很多貧血的徵狀了。」醫生安排佩嫻馬上驗血，檢查「血全圖」（complete blood picture）與血液鐵質的水平，來確定是否患上「缺鐵性貧血」（iron deficiency anaemia）。

不出所料，化驗所第二天便以「緊急通報」將驗血結果知會醫生，醫生也馬上聯絡佩嫻回來覆診：血全圖的報告顯示血色素非常低，只有 7.5g/dL，只是正常水平的三分二到一半（正常範圍為 11.5 至 15.4 g/dL），是嚴重貧血。血全圖其他指數都跟缺鐵性貧血吻合；血小板與白血球的指數則正常；檢驗血液鐵質亦發現鐵質很低。最後診斷結果是「月經過多引致缺鐵性貧血」。

## 月經過多引致缺鐵性貧血

佩嫻聽過報告後很驚訝，問道：「我的血色素這樣低，為甚麼我好像沒有甚麼感覺？」醫生說：「若果一下子嚴重失血，血色素急跌到 7.5 g/dL，那就已經休克昏迷了。你的情況不同，就是每月月經都過多一些，幾年間累積下來，身體就勉強適應得到，但現在你已經出現各項貧血的徵狀了。」

「月經過多引致缺鐵性貧血」在行經期間的婦女中非常普遍。鐵質是我們身體製造血紅素的必要元素，也是最重要的「限制因素」（limiting factor）：若果身體長期過度失血，體內儲備著的鐵質便全部用了來做血；若果「入不敷支」，即從食物所吸收的鐵質不足，體內鐵質便愈跌愈少，最終因為原料不足，身體不能製造足夠的血色素，形成「缺鐵性貧血」。

## 治療缺鐵性貧血的一般方法

治療缺鐵性貧血，最常用就是口服的鐵質藥丸。想像身體就像一件機器，需要原材料來製造產品；若果沒有原材料，這機器更新更好也無用武之地。缺鐵性貧血的病人，身體非常渴求鐵質，只要一服鐵丸，就會立即開工做血，貧血的徵狀與問題很快會得到改善。嚴重的貧血，若果出現循環系統失調的情況，就須要入院輸血了。

鐵丸的常見副作為便秘和大便變黑；近年也有液體的鐵質

補充液，副作用較少。行經的女士，需要在日常食物吸收充足的鐵質，以補償月經的流失。鐵質最豐富的食物有紅肉、豬肝等肉食，當中的鐵是三價離子，容易吸收。鐵質豐富的植物性食物則有綠葉蔬菜、豆類、木耳、雲耳等；當中的鐵是二價離子，需要維他命 C 的抗氧化功能轉變為三價離子來幫助吸收，故最好同時服食足夠水果來幫助鐵質吸收。

處理缺鐵性貧血更重要的是「治本」：家庭醫生或會轉介月經過多的婦女到婦科醫生再作檢查，找出病源。最常見是「子宮肌瘤」（俗稱「纖維瘤」）和「功能失調性子宮出血」（dysfunctional uterine bleeding；通常被解釋為「荷爾蒙失調」）。當然還要考慮其他異常失血的源頭，當中必須考慮腸胃道出血，如急性或慢性的腸胃潰瘍；若病人較年長，就更要考慮大腸癌這個愈來愈常見的病症。

## 其他引致貧血的病患

除了缺鐵性貧血，多種嚴重病患，如慢性腎衰竭、類風濕關節炎、紅斑狼瘡、血癌等都會引致貧血；缺乏其他營養，如葉酸、維他命 B12 都可以導致貧血；某些藥物的副作用亦可以引致貧血。醫生仔細分析血全圖，通常都可以看出端倪，為病人找出貧血的真正原因。

另外，還有香港很常見的「隱性地中海貧血」（或稱「地中海貧血基因攜帶者」）：就是父親或母親其中一個有隱性地中海貧血，自己就從父親或母親處，遺傳了一個地中海貧血的基因，在香港大約十個人便有一個。有隱性地中海貧血的朋友大多數一直沒有任何徵狀，通常都是在身體檢查，或因為其他原因抽血才發現。看血全圖有時很難跟缺鐵性貧血分辨，也有可能是同時患有缺鐵性貧血…… 愈説愈複雜，但家庭醫生定必可以幫助患者分辨清楚。

最後，不如大家都問自己一條問題：「我夠血嗎？」若果知道自己夠血，請考慮響應紅十字會的呼籲，快去捐血救人；若果懷疑自己不夠血，就要找醫生檢驗清楚了！

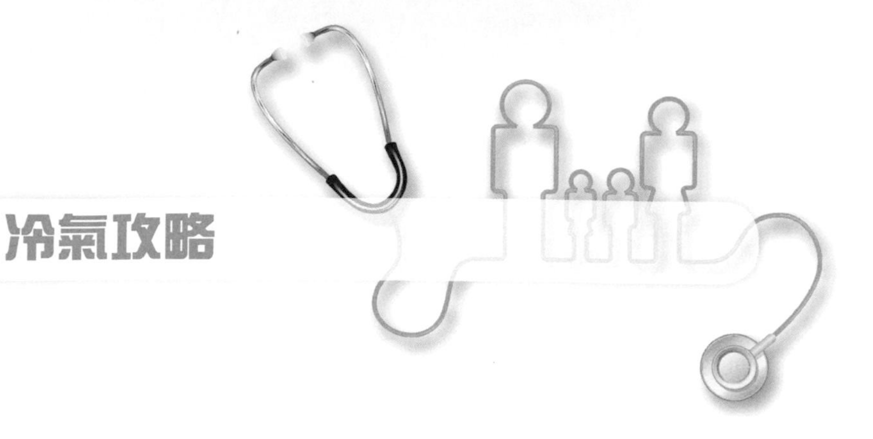


# 冷氣攻略

炎炎夏日，對絕大部分都市人來說，冷氣是生活不可缺少的。但我們在享受冷氣時，卻又有好些朋友患上了一些「冷氣病」，可謂物極必反。

## 臨床上的「冷氣病」

說到「冷氣病」，大家或會聯想到一位 OL（office lady），坐在中央冷氣強勁的辦公室，穿上厚厚的外套，一邊工作，一邊流鼻水、流眼淚，拿著紙巾不停地抹擦。西醫的字典中恐怕沒有「冷氣病」這個診斷，卻有「病態大廈綜合症」（sick building syndrome）這病患，也相當符合這些情況。

病態大廈綜合症當然不是指大廈有病，而是在大廈內裡活動的朋友因為大廈而患病。通常是指以中央空調運作的大廈和密閉空間，而最常受影響的就是在內裡工作的員工。這病症最重要的特點，就是患者症狀只會出現於在大廈室內活動的時間，當離開大廈後，即下班後、放假時，病徵便自然會消失。

病態大廈綜合症的病徵主要是眼、鼻、喉部受刺激引致不適，表現如流淚、鼻涕鼻塞、咽喉不適；肺部受刺激則可以在氣管上引起哮喘徵狀；在肺氣囊（alveoli）上引起過敏反應會導致

「過敏性肺炎」（extrinsic allergic alveolitis）。皮膚則會出現乾燥、皮炎；整體則是疲倦乏力、難以集中、頭痛與其他痛症。但這些病徵實在極為普遍，故此也很難説一定是因為「病態大廈」所引致。

## 病態大廈綜合症的成因

病態大廈綜合症的成因通常歸咎於欠佳的中央冷氣系統設計與運作；工作環境過度擠迫；從裝飾材料、油漆、塗料、家具、電器產品所散發出、在空氣裡流通的「揮發性有機物」（volatile organic compounds, VOC；最為人熟悉的是甲醛）；空調系統裡受黴菌、細菌、病毒所污染。原因眾多，亦即是説沒有明確的致病原因。研究也通常不能找出合乎科學上「因果關係」條件的原因，而同一冷氣間每個人的反應也各異。

觀察發現病態大廈綜合症更多見於女性、職位比較低的員工；員工本身有敏感病症（鼻敏感、哮喘、濕疹）會較易出現此症。此外，亦普遍發現工作壓力與員工不滿會增加病態大廈綜合症的機會，因此心理因素也有很大的影響。

## 如何預防「冷氣病」

首先，我們可改善以上提及的可改變因素，例如減輕員工的工作壓力、保持整體健康、處理好自己的過敏病症等都有幫助。另外，若果在大廈個別的單位裡可以有調節中央冷氣溫度、風速、風向的設施，令到工作間的員工可以自主操控，也可減低冷氣病的發生。

室外熱，室內凍，我們日常進出冷氣商場時，溫差大也常常引致身體不適。最常見的是鼻的問題，溫度和濕度的突變對鼻腔黏膜刺激很大。噴嚏、流鼻水、鼻塞相信大家都經驗過，有鼻敏感的朋友可更是難受。而在炎熱的室外，皮膚毛孔擴張、汗腺排汗，是「自律神經系統」（autonomic nervous system）中的「交感神經」(sympathetic nervous system) 在發揮功能；到了開了冷氣的室內，皮膚毛孔收縮、停止排汗，交感神經像要急剎掣，相反功能的「副交感神經」（parasympathetic nervous system）則開始活躍。這些急速的轉變往往令身體難以適應，也會減慢身體的散熱功能，結果可以出現暈眩、作嘔、頭痛等不適。

人們常説因「出入冷氣間」引起傷風感冒，這也不是毫無道理。上述的不適徵狀雖然通常都是短暫輕微，但對身體來説也是一些壓力，有可能因為抵抗力被抑壓，令到身體更易被病毒細菌侵襲而致病。如果冷氣間空氣流通不足，又加上環境擠迫，內裡的朋友就更容易互相感染，一起患上傳染病。

## 最嚴重的「冷氣病」——「退伍軍人症」

這病症由「退伍軍人菌」（*Legionella*）所致，這細菌雖然不會人傳人，但可以在攝氏 20 至 45 度的水裡生長繁殖，經呼吸道吸入後，患者可發高燒與患上嚴重細菌性肺炎，可以致命。首宗嚴重個案在一九七六年七月夏天，美國費城的「退伍軍人會議」中爆發。舉行會議的酒店裡，冷氣系統內冷卻塔裡的水被細菌污染，霧化了的水氣帶著細菌感染了與會的退伍軍人們，最終令到 221 人染病，34 位患者喪生。香港每年都有退伍軍人症的個案，二〇一七年有 72 宗呈報個案，多見於夏天冷氣運作的高峰期。香港也有制定《適用於樓宇管理的冷熱水系統內務管理指引》來預防這傳染病。

大家常常會問冷氣到底幾多度才算合適？香港又熱又濕，因此冷氣的降溫與抽濕是同樣重要。若果冷氣溫度調得高，冷氣的抽濕力大減，令室內又凍又濕，叫人很不舒服。可以個別調節單位內的冷氣自是最好；若只談環保節能，硬性規定冷氣溫度為攝氏 25 度恐怕也非上算。冷氣外加上風扇令空氣流通，應該是舒適與環保的最好平衡。

夏天除了要靠冷氣，同樣重要是外出時留意防曬及降溫。男女老幼出外都要帶把傘來遮擋太陽，帶樽水來補水降溫。另外，還要注意現在香港每年夏天都有在本地出現的「登革熱」，戶外活動要嚴防蚊患啊！

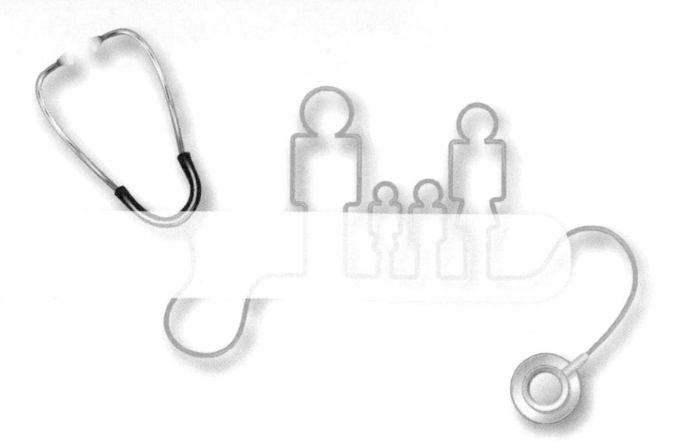

# 病毒攻略

二〇一八年夏天，我們受不同病毒所致的傳染病所驚擾，有虛驚一場，也有來勢洶洶。

## 「傳統」的「麻疹」

二〇一八年四至五月初夏間，我們都被「麻疹」這傳統傳染病嚇怕。這風波的起源是一個從泰國感染麻疹的旅客。麻疹病毒在剛發病時，雖未會即時出現典型的紅疹，但已有機會經呼吸道將病毒在空氣傳播（空氣傳播的致病源傳染力最強，因為傳播的粒子在五微米以下，夠細夠輕，也就可以在空氣裡漂浮）。因此，該旅客乘搭航機從台灣到沖繩時，已不知不覺感染了同班航機的機組人員與乘客，繼而將麻疹在沖繩與日本本土傳播開去。因為沖繩與日本本土都是港人的旅遊熱點，我們由此便引發起一大番疑問和擔憂——到底我打了一針還是兩針 MMR 混合疫苗？〔MMR 疫苗是預防「麻疹」（measles）、「腮腺炎」（mumps）和「德國麻疹」（rubella）三種病毒的減活疫苗。〕需要補打嗎？要驗麻疹的抗體來驗明免疫力嗎？需要忍痛取消到日本的旅程嗎？

可幸最終我們沒有受到這一風波所影響，麻疹沒有在本港爆發。根據香港衞生防護中心的統計，二〇一八年只有零星的麻疹個案，截至七月只有十宗。感染麻疹可以出現如中耳炎、失明、肺炎、腦炎、孕婦流產等嚴重併發症，風險相當高，死亡率約為五百分之一。要預防麻疹這極高傳染性、強致病性的病毒，接種預防疫苗是單一最有效的方法。MMR 疫苗是在我們的兒童免疫接種計劃之內，在 12 個月和一年級時接種兩針。香港這次沒有出現麻疹爆發，雖說有幸運成份，但我們過去多年來 MMR 疫苗的接種率長期超過 95%，比較起鄰近地區國家都高出不少，這也肯定是成功預防的極重要客觀因素。

## 本土也會感染的「登革熱」

現今我們最擔憂會在香港爆發的病毒傳染病，自然是「登革熱」。登革熱是經由蚊子叮咬後感染登革病毒所致的急性發熱傳染病，不會人傳人。登革病毒有四種不同的血清型（serotypes），第一次感染到後症狀通常較輕，經支援治療後可以自行痊愈，並會產生對抗該血清型的抗體，以後對該血清型免疫；但若果再經蚊叮感染到另一血清型的登革病毒，卻可以發生強烈的免疫反應，最嚴重情況會併發全身性的內出血、休克，甚至死亡。

下筆時衞生防護中心共確定了 29 宗本土感染的登革熱病症，追蹤發現來自兩個主要源頭。到底登革熱會否在本港落戶，跟其他鄰近地區一樣成為風土病？這擔憂的最終結果難料，但要預防這病毒也需要靠我們自身的努力。

使用防蚊用品要謹慎，要重點確保其有效性。醫學上證實有效的成份包括「避蚊胺」（DEET）、「埃卡瑞丁」（icaridin）、「派卡瑞丁」（picaridin）等，相信大家已經預備了這些產品來保護自己與家人。但市面上很多聲稱有效的產品，往往缺乏嚴格的證據來證實其防蚊成效。我們到底信還是不信？這可是個很關鍵的問題。大家應深思熟慮，選擇含真正有效成份的防蚊產品。

患上登革熱的最主要病徵是在被蚊咬後的三至十四日（通常是四至七日內）後出現突發的高燒、頭痛、惡心嘔吐、渾身肌肉關節酸痛、出紅疹，這是因為病毒從蚊的唾液入侵皮膚，再入侵血液的白血球後，傳播全身爆發出來的反應。大家最關心的莫過於當我們出現發燒時，如何判斷自己到底是登革熱、流感，還是其他疾病？那就要知道，登革熱主攻的不是呼吸系統，所以應該不會出現流鼻水、咳嗽有痰、喉嚨痛等病徵，也沒有肚瀉的腸胃炎徵狀。當然臨床情況各異，各種傳染病都有類似與獨特的徵狀，患病如果有疑惑，還是應先看家庭醫生。

## 專攻幼小學生的「手足口病」

開學後另一個專攻幼稚園、初小學生的傳染病是「手足口病」。手足口病是由「腸病毒」（enterovirus）引致，病毒經過近距離接觸患者的鼻喉分泌、唾液、穿破的水疱、糞便或受污染的物件進入人體內，入侵腸道細胞後散播全身致病。病毒因為經腸道細胞入侵人體，故稱為腸病毒；而吊詭的是這些病毒不會引起肚痛、腹瀉等腸胃病徵 ( 因為腸病毒只經腸道細胞入侵體內，再進入淋巴系統和血液循環而發病。對腸毒病來説，腸道只是其入口，它不會在腸道細胞裡面大量繁殖，也不會殺害腸道細胞，所以不會引發腸胃炎)。但患者的糞便卻會持續有病毒，故此在處理患者（幼兒）的糞便時要格外注意衛生。

手足口病在每年的夏季秋季流行，在七八月間會因為放暑假而減少，九月開學後又會因學童之間親密接觸、互相感染而再次上升。診斷手足口病主要靠臨床判斷，分辨並不困難：發熱一兩天後，口腔出現疼痛的小水疱、紅點、潰瘍，分布在舌頭、牙肉、口咽和兩腮，非常痛苦；同時手掌、手指、腳掌和腳趾會出現帶有小水疱的疼痛紅疹。

絕大部分手足口病會在七至十日內痊癒，嚴重的併發症則有腦炎、腦膜炎、心肌炎、與「小兒麻痺症」（poliomyelitis）相似的肢體癱瘓（都是屬腸病毒引起的病患）。手足口病主要感染幼童，但病發後照顧他們的家長老師也會因親密接觸而中招。因此照顧患病幼童時要份外注意衛生，父母們希望親親抱抱患病孩子的行為可真要忍痛暫停一下。

各種病毒所致的傳染病一直都在我們身邊虎視眈眈，即使我們生活在先進城市環境亦不能鬆懈。知己知彼，好好實踐各項預防病毒的方法，保持自己身體健康，就是應付傳染病的最佳攻略。

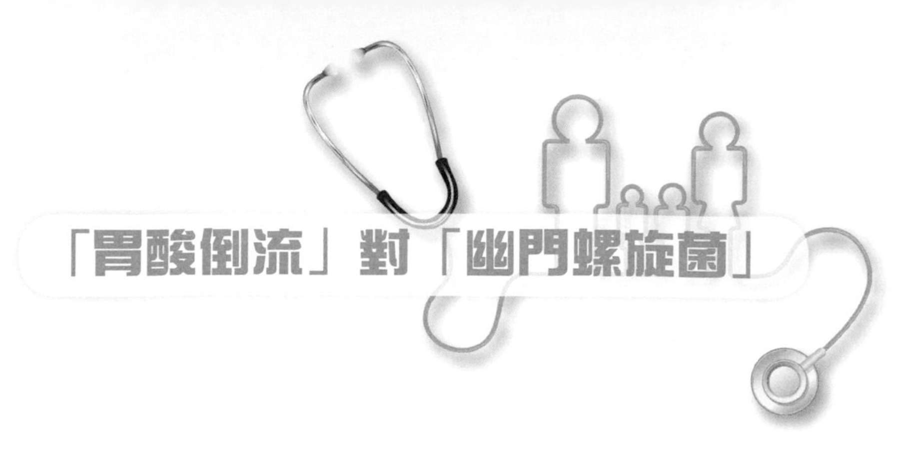

# 「胃酸倒流」對「幽門螺旋菌」

標題兩個名字，很多朋友一看見就覺得胃痛！

馮女士因「心口唔舒服」，很害怕會有心臟病，於是來見家庭醫生。醫生先仔細詢問病情：她感到胸口灼熱，就像火燒心的感覺；病徵經常在夜間睡覺時出現，令她睡得不好；她吞咽沒困難、大便正常、體重也沒改變。醫生告訴她：「放心，你不是有心臟病。你的病徵是典型的『胃酸倒流』。」

馮女士有點愕然，說：「胃酸倒流？不會吧？我半年前才照過胃鏡，發現有幽門螺旋菌，那時一日吃十幾粒藥，吃足十日來殺掉這菌，多辛苦啊！現在個胃又怎會有事呢？」

## 新興的病患

「胃酸倒流」（gastroesophageal reflux disease, GERD）是近二十年左右才新興，但又愈來愈常見的病患。胃酸是屬強酸度（pH 1.5 至 3.5）的鹽酸（hydrochloric acid），由胃壁細胞（parietal cells）製造，可以幫助分解蛋白質、激發其他消化酵素、殺滅食物裡的細菌微生物。正常情況胃酸會跟隨食物，因著胃部的蠕動，落到十二指腸及小腸，繼續消化和吸收。

胃酸倒流是胃酸反倒湧上食道，刺激食道內壁的黏膜所產生的問題。病者會訴説胸口中央位置不適、灼熱，就是電視廣告所説的「火燒心」感覺。病徵跟運動沒有關係，病人往往會訴説是突然間、隨時隨地都可以出現；更典型的情況，就是病者在睡眠臥下時出現火燒心，結果睡著時給弄醒，又辛苦又睡不好。

## 影響可大可小

除此之外，病人或會因為胃酸倒流到食道頂端，刺激到食道前面的主氣管導致長期咳嗽、引發哮喘，刺激到喉部聲帶引致長期聲沙，刺激到口腔引致口腔潰瘍、喉嚨痛，甚至蛀牙。醫生檢查身體時會留意以上相關的位置，但一般都沒有甚麼明顯的病狀。故此，診斷胃酸倒流主要依靠病人清晰描述病徵，由醫生清楚分析所得。

長期嚴重的胃酸倒流會導致倒流食道炎（被胃酸弄損發炎）、食道狹窄（長期發炎受損後結疤收窄）、巴洛氏食道症（Barrett's esophagus：食道下端黏膜因長期受胃酸刺激，由鱗狀細胞異變成柱狀細胞）和食道癌（因為巴洛氏食道症演變而成）。這必須由腸胃科醫生做內窺鏡作診斷和跟進治療。

病理主要是因為胃液胃酸過多，加上食道下端括約肌鬆弛所致。那麼有甚麼風險會導致胃酸倒流？最重要的風險是肥胖：大肚腩頂著胃部，增加腹內及胃內壓力，減慢胃部清空食物的速度，引致胃酸倒流，而懷孕女士也有更高風險。另外，晚飯與睡眠時間太接近、吃宵夜、高脂肪的食物和飲酒也會導致胃酸倒流；吸煙、喝有氣飲料、吃辣椒等因素則沒有明顯的關係。

## 胃酸倒流與幽門螺旋菌的負關係

而最令人意想不到的，就是「幽門螺旋菌」（*Helicobacter pylori*，正名應為桿菌；「幽門」是指胃的出口部分；「螺旋」是這菌的形體特色）竟然是與胃酸倒流有著「負關係」（negative association），即是病人除去了幽門螺旋菌，反而會增加患上胃酸倒流的機會；群體內感染幽門螺旋菌的比率愈低，胃酸倒流的比率愈高！就像上述馮女士的情況，在服藥「根除」（eradication）幽門螺旋菌後，反而可能因此引發胃酸倒流，類似情況在近年也是愈來愈常見。

幽門螺旋菌絕不是好東西，它的特性是可以在強酸度環境下生存，就算是強力的胃酸也奈它不何。這菌可以導致慢性胃炎、胃潰瘍、十二指腸潰瘍，甚至胃癌。它在一九八二年由澳洲醫生 Barry Marshall 與 Robin Warren 發現，並證實它是導致腸胃潰瘍的元凶，大大顛覆了當時理解腸胃潰瘍只是因為壓力、飲食習慣、胃酸過多所致的想法；兩位的研究發現亦使他們於二〇〇五年獲頒遲來的諾貝爾生理學／醫學獎。

## 幽門螺旋菌的傳播途徑

幽門螺旋菌是人傳人的細菌，並非經進食不潔食物傳染，也不會導致急性腸胃炎。在患者的口水、齒間、糞便都可以找到這細菌，而家人之間的傳染是最常見的途徑。（至於不要吃家人的口水尾、不要分享食物、用公筷等方法是否有效預防，那就沒有實證證明有效，是否需要也就見人見智。）

幽門螺旋菌最聰明之處是會分泌「尿素酶」（urease），將「尿素」（urea）轉化為「氨」（ammonia）。所產生的氨屬鹼性，中和了胃酸，就像「保護罩」一樣保護著細菌，使它能生存在胃壁之內。每當照胃鏡時，若果發現有胃炎、腸胃潰瘍等病變時，醫生必定會在病變的位置取組織，先即場放進一個小格子裡，進行「快速尿素酶測試」（rapid urease test），藉著檢測出組織裡的尿素酶反應而推斷出幽門螺旋菌的存在；另外一些組織則會作顯微鏡檢測，分析病變性質，同時直接看出是否有幽門螺旋菌。

若發現有幽門螺旋菌感染了胃組織，醫生會處方「根絕治療」，通常是叫病人服用兩種高劑量的廣譜抗生素（即可以殺滅多種細菌的抗生素），加上一種稱為「質子泵抑制劑」（proton pump inhibitor, PPI）的強力抑壓胃酸藥，每日要服用十多粒藥，連續服用約十日來殺絕這細菌。（病人經常投訴吃這個療程的藥吃到胃痛！）根絕這菌後，可以治療胃炎與腸胃潰瘍，也可以除去這致癌物。

## 治療與否的兩難

為何根治了幽門螺旋菌後，反而會增加胃酸倒流的機會？

這很可能是胃壁受到這細菌感染後，會長期處於「萎縮性胃炎」的發炎狀態，因此減少了胃酸的分泌，所以沒有那麼多胃酸去導致胃酸倒流；當除去這菌後，胃壁細胞回復正常健康狀態，便可以分泌出更多胃酸，也更容易做成胃酸倒流了。

感染了幽門螺旋菌其實也有相當大部分是無徵狀的，故此也有醫學意見認為若果是在無徵狀情況下發現患上這菌，可以考慮不作治療，以防止導致以後的胃液胃酸。這是個很難做出的取捨決擇，醫生要與病人充分討論才作決定。

隨著衛生環境改善、內窺鏡檢查及根絕治療的普及，令幽門螺旋菌的普遍度一直在下降，同時間卻伴隨著更多的胃酸倒流個案，這情況在全球各地的流行病學觀察都發現到。

胃酸倒流在歐美等西方國家很常見，達到 40% 成人患上此病；此病以往在亞洲地區甚少見，但近廿年間卻不斷上升，以筆者觀察，二十年前這病在社區絕無僅有，但現在每天平均見到兩三位病人因此求醫；上升原因不明，可能跟更西化的飲食習慣、更多的肥胖、更多幽門螺旋菌被根除有關。

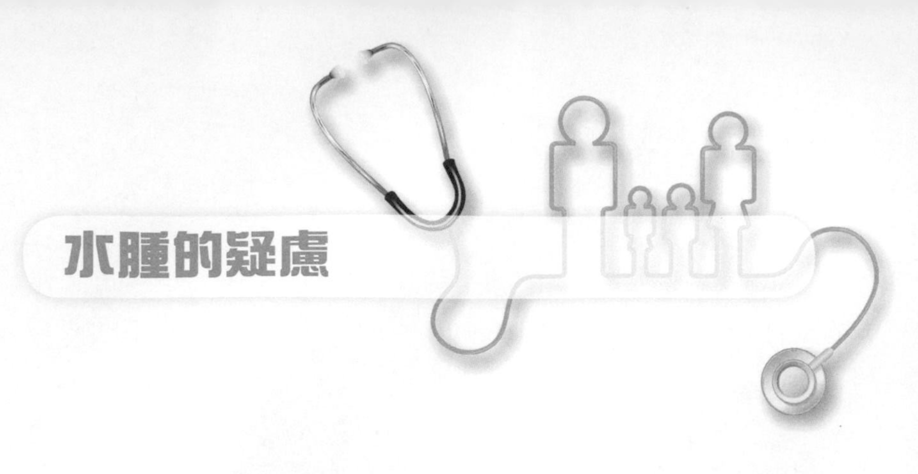

# 水腫的疑慮

唐女士今天推著輪椅，陪同坐在上面的老爸來見醫生。唐女士問：「醫生，爸爸這幾日開始有腳腫，而且愈來愈嚴重，是他的腎有問題嗎？」

醫生觀察到唐老先生雙腳腫脹，一直到腳脛中段；檢查唐老先生的腳眼（足踝）內側，輕按下去兩邊都有凹陷，驗明是「水腫」（oedema）。

醫生記得唐老先生以往都可以撐著拐杖走路，今天卻見他需要坐在輪椅上，狀態明顯轉差了。唐女士解釋說：「他上月發燒氣促，入醫院看急症後發現是肺炎，要吊抗生素針，住了近兩個星期才出院；回家後精神仍然不好，整天坐著，吃的也少；這幾天發現有腳腫，也要推著輪椅才能出來看醫生。」

醫生問唐老先生的情況，他說很疲倦，沒有胃口；雙腳雖腫卻沒痛，也沒覺氣促，大小便也大致如常。醫生再替他聽心肺，心跳規律正常。兩邊肺入氣正常，沒有喘聲痰聲，肺底沒有水浸的聲音。再看他的「電子健康紀錄」，研究他剛出院時的情況，醫院裡驗血的紀錄顯示他的腎功能指數一直都在正常水平，但肝功能指數裡的「白蛋白」（albumin）水平愈來愈低，最後的一次驗血更只得 26 g/L（正常範圍：40-50g/L）。

## 「蛋白」過低造成水腫

醫生向唐先生父女解釋道：「唐先生的腎功能沒有問題，不是因為腎病引致腳腫；他現在的心肺狀態也不是導致水腫的原因。他腳腫主要是因為他血液循環內裡的『蛋白』太低，令到血液裡的水分流失到周邊的組織，不能保存在循環內，做成水腫；加上他出院後少了很多活動，血液循環差了，所以造成水腫。水向低流，最後水便儲在兩腳導致腳腫。

「至於為甚麼蛋白會低呢？是因為近日出入醫院，身體在打仗，體內原本儲備的蛋白質都耗掉了；而且吃的很差，吸收不到充分的蛋白質，結果血液循環內的蛋白過低，做成水腫。」

## 辨識「水腫」，及早發現病患

「水腫」、「腳腫」是很常見的問題，臨床上先要確定是否水腫。俗語説「肥腫難分」，其實只要在內足踝處輕按下去，凹陷了的就是水腫。之後便要找出是單邊還是兩邊的腳腫：若只是單邊的腫，便先考慮那些影響「局部」的病患，如痛風症、蜂窩組織炎（cellulitis，即細菌入侵皮下組織的感染）、深層靜脈血栓（deep vein thrombosis）等；若是兩邊的腫，就要考慮影響「全體」的「系統性」（systemic）病患，如腎病、肝病、心臟衰竭、甲狀腺過低、藥物影響等。

慢性腎衰竭（chronic renal failure）會導致腳腫。腎臟是調節體內水分與電解質的重要器官，當它功能衰退，體內的水分便會積累，流到雙腳造成腳腫；急性的「腎病症候群」（nephrotic syndrome）因為腎小球發生病變，大大增加了過濾血液時的通透度，令到血液裡的蛋白大量流失到尿液裡排走，做成嚴重的蛋白尿、血液蛋白過低、血壓急劇上升，並引致嚴重的水腫、腳腫。

嚴重的肝臟衰竭，因肝臟不能製造充足的白蛋白，也會導致水腫腳腫。白蛋白在血液循環中扮演著非常重要的角色：白蛋白是可以水溶的蛋白質，維持血液的「膠體滲透壓」（oncotic pressure），以保存水分在循環內裡；若果因為營養不足、嚴重蛋白尿、嚴重肝病等，導致白蛋白過低、膠體滲透壓下降，水分便流失到周邊的組織，不能保存在血液循環內裡，形成水腫。

嚴重的心臟衰竭，心臟肌肉乏力，不能有效泵血，令血液循環滯留，增加血液裡的「靜水壓」（hydrostatic pressure），水分便從血液滲出周圍，形成水腫。心臟衰竭也可以有左右之分。右邊心臟經大靜脈從周邊組織器官回收血液，再經肺動脈泵血到肺部更新氧氣。若右邊心臟衰竭，血液滯留在周邊，便會出現腳腫。左邊心臟則從肺靜脈接收經過肺部更新氧氣的血液，再經大動脈泵到身體各處。若左邊心臟衰竭，血液滯留在肺部，會導致「肺部水腫」（pulmonary oedema）。肺部水腫在外觀當然看不到，但因為肺裡的肺泡給水浸著，不能換氣，肺功能大受影響，令到病者氣促，在躺平時尤其氣促得厲害；醫生為這類患者聽肺時，會在兩邊肺部下底聽到肺水腫的獨特水浸聲。

## 引起水腫這副作用的藥物

不能不提，好些藥物其實都有水腫這副作用，臨床上最常見的，就是一些「鈣離子通道抑制劑」（calcium channel blocker, CCB）降血壓藥。例子有 nifedipine、amlodipine、felodipine 等。這類型血壓藥能放鬆血管壁的平滑肌、擴張血管，是非常有效的第一線降血壓藥物。不過這些藥物其中一個副作用是會引致雙腳水腫。最常見的情況是當病人的血壓控制得不理想，醫生為病人增加這類降血壓藥的劑量後，有些病人隨後便發現雙腳出現水腫。這時病人通常會很擔憂是否因為自己的腎、肝或心臟出現問題而引起腳腫。醫生排除這些可能時，要向病人解釋清楚；而在減少或停止這類藥物後，腳腫亦隨即會消退。

水腫是病狀，除了大家最擔憂的腎病肝病外，還有很多其他可能，必須找出原因，才能對症下藥。

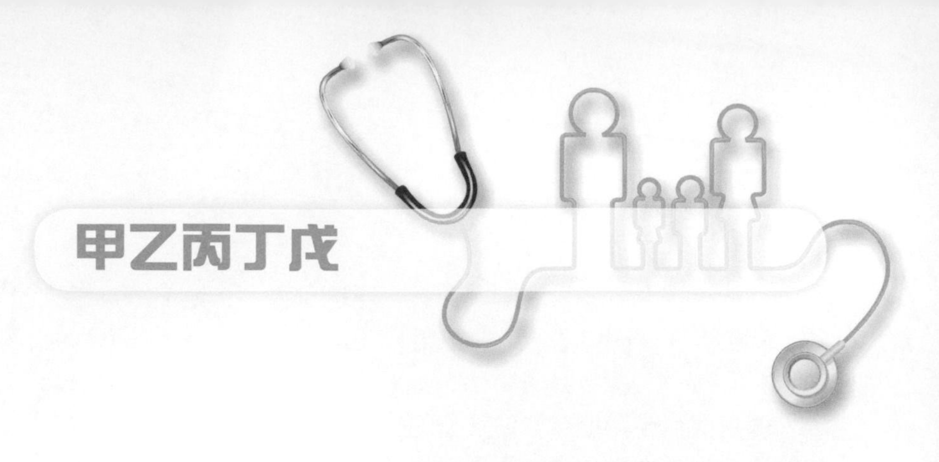

# 甲乙丙丁戊

甲乙丙丁戊，即ABCDE，我要説的不是説作業的評級，也不是説流行性感冒病毒的類型，而是另一種由病毒引致的常見疾病——五種不同類型的「肝炎」（hepatitis）。大家常常混淆不同類型的肝炎，對這種傳染病的認識似乎有所不足。

不同類型肝炎病毒引致的急性病毒性肝炎，徵狀基本上都一樣，包括起初時的發燒、疲倦乏力、厭食作嘔；及後便是黃疸、小便變茶色、肝臟發大等肝炎的獨特徵狀。之所以出現「黃疸」（jaundice）這特徵，是因為肝臟本來其中一個重要功能是將「膽紅素」（bilirubin）這個從紅血球分解後產生出來的廢物，在血液中分隔出來，再經過膽汁從糞便排出體外；急性肝炎時，肝臟喪失功能，膽紅素不能從膽汁排出，於是累積在血液，引致眼白、皮膚變黃，形成黃疸；血液中過多的膽紅素會溢出到尿液排出，變成特別的茶色尿（像普洱茶般深的茶色）。

## 由直接接觸體液傳染的乙、丙、丁肝炎

先説説「甲乙丙丁戊」的其中三種，即乙、丙、丁肝炎。這三種肝炎是由體液的直接接觸傳染，當中可以傳染的體液包括血液、精液、性器官分泌液，是由直接接觸血液（生育時、輸血、

共用針筒）或性接觸人傳人。（唾液不會傳染乙、丙、丁肝炎，所以同枱吃飯絕對不會傳染，可以放心！）

大家一般最關注，而且影響最嚴重的是乙型肝炎。要注意的重點有：最主要的傳染途徑是媽媽生產嬰兒時，在產道血液互相直接接觸而傳染給新生嬰兒；注射乙肝疫苗可以很有效預防這傳染途徑；本港在一九八八年起為所有新生嬰兒接種預防疫苗，故此新一代大可以幸免於此病；乙肝可以導致慢性感染（乙肝帶菌）、慢性肝炎、肝硬化、肝癌，對男性的傷害尤其大；現今仍然繼續有很多患有慢性乙肝而不自知的男士，突然發現患上末期肝癌，在數個月後病逝的悲劇；可幸是現今有非常安全的抗病毒藥物可以有效壓制乙肝病毒，保護高危患者預防出現併發症。冀望每位成年人都可以知道自己是否乙肝帶菌者，而且每位乙肝帶菌者都有其家庭醫生長期跟進著情況。這必定需要更完善的公共衛生政策支持才能成事。

丙型肝炎在各方面都跟乙肝相似，同樣可以導致慢性肝炎、肝硬化、肝癌。丙肝主要是在輸血時輸入了帶病毒的血液，或吸毒者共用針筒所傳染；近年亦發現在男同性戀者之間傳染。丙肝演變出併發症的風險較高，故此最好由肝臟科醫生長期跟進病情；現時有抗病毒藥物組合可以有效控制丙肝，惟仍屬專利藥物，藥價非常高昂；而至今仍然未有預防疫苗。

至於丁型肝炎的傳染途徑和乙肝相同；丁肝病毒只能跟乙肝病毒並存於肝細胞內才能成功組成，因為丁肝病毒需要使用乙肝的抗原做外層，來組來成完整的病毒粒子。病人可以同時感染乙肝和丁肝（共同感染，coinfection），也可以是先感染乙肝，之後再感染丁肝（二重感染，superinfection），而預防乙肝的各類方法也可以防衛丁肝。

## 「病從口入」的甲型肝炎與戊型肝炎

一頭一尾的甲型肝炎與戊型肝炎，則都是「病從口入」〔醫學專名為「糞口路徑」（faecal-oral route），也即是進食了糞便中的致病源所致〕。「甲型」肝炎常見的傳染媒體有受污染的食水與貝殼類海產，可以導致急性肝炎，但病情普遍較輕，通常靠支援治療而自行痊癒；感染後會有免疫力，也不會隱藏在肝裡變成慢性肝炎；亦有很多是無徵狀的感染。甲肝的潛伏期約為兩至六個星期（流行病學上知道疾病的潛伏期非常重要，因為回顧病人在該段時間的經歷去向，就可以估算出疾病的源頭）。香港出現的病症有源於本地，也有從中國內地和東南亞國家進口的。

回顧香港過去多年甲肝的流行病學數據，發現個案有下降的趨勢。甲型肝炎有滅活預防疫苗，要注射兩針，第一與第二針需要相隔六個月。本港衛生署沒有將這疫苗包括在兒童免疫接種計劃之內，有需要的朋友（如經常到東南亞旅行或出差）可考慮自費到私家醫生處接種。

## 病毒界「新貴」——戊型肝炎

戊型肝炎是愈來愈受關注的病毒「新貴」。近年戊肝在本港的個案，跟甲肝相反，有逐漸上升的趨勢。戊肝的潛伏期為三至八個星期，部分人士受感染後可以沒有徵狀；若出現急性肝炎，病發後的死亡率約為 1%；但若果孕婦在懷孕後期感染到戊肝，則有很大機會導致爆發性肝炎，死亡率可以高達 20% 至 25% ！

在較落後國家，戊肝主要是因糞便污染食水所致；而在發達國家，戊肝則主要經進食受病毒污染或未經煮熟的貝殼類海產、肉類、動物內臟所致。本港的戊肝，主要發生在每年的冬季到春季，以二三月為最多。有調查研究回顧本港在二〇一一年至二〇一六年間，確診患上戊型肝炎的 632 位病人在潛伏期間進食過的高危食物，發現當中大部分（72%）曾吃過豬肉、41% 吃過豬內臟、33% 吃過豬肝、34% 吃過貝殼類海產、20% 吃過蠔、33% 吃過魚蝦蟹等其他海鮮。

説到這裡，各位可能馬上聯想到「打邊爐」。相信感染戊肝跟冬季打邊爐有離不開的關係。我們在寒冬熱騰騰打邊爐時需要額外注重食物安全，高危食物切記須在攝氏 100 度的沸湯滾三至五分鐘煮熟才好食用；豬肝豬肉貝殼這些一定要煮熟透才可進食；懷孕婦女更必須「忍忍口」，避免進食上述高危食物，以防萬一！而本港現時尚未有認可的預防戊肝疫苗。

近年香港又因戊型肝炎而獲得一個新的「世界第一」，就是確診了首宗「大鼠戊型肝炎」，並且接二連三持續有新病症出現。很駭人的就是大鼠戊型肝炎也是病從口入，即病毒從老鼠直接傳染到人的口裡，這確實顯示出本港鼠患的嚴重程度，叫人擔憂。

甲乙丙丁戊，五種不同的肝炎，預防感染各有重點，大家需要小心留意！

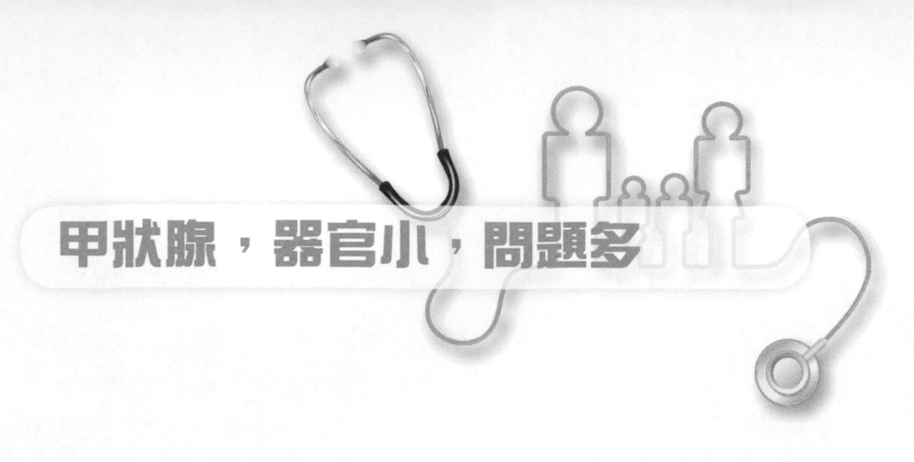


# 甲狀腺，器官小，問題多

林先生今天憂心忡忡來找醫生，訴説道：「醫生，我的頸發現有個腫塊，那是甚麼來的？我今早照鏡才突然發現。是癌症嗎？」

## 甲狀腺的腫塊

醫生一看，發現林先生頸前中間偏右的地方腫脹起，呈圓形。先再問林先生的病徵：這腫脹不痛不癢、沒有喉部不適、呼吸沒有困難；體重沒有變化、胃口沒有改變、沒有手震心跳出汗。醫生替林先生仔細檢查後説：「這是甲狀腺的腫塊，應不是癌症，放心，不要自己嚇自己。」

「甲狀腺？怎會是甲狀腺？兩星期前我做的體檢套餐驗血有驗過甲狀腺，那可是正常啊！怎會突然間有事呢？」林先生疑惑地説。

甲狀腺是我們平常不會察覺其存在的一個重要器官。它出現的問題，主要有兩大類：一、結構上，器官的形態有改變嗎？二、功能上，它所分泌的激素「甲狀腺素」（thyroxine）正常嗎？林先生混淆了這兩點，自然就有些誤會了。

## 如何確認這個腫塊是甲狀腺？

它在我們頸前方中央下部，後面是喉部和氣管的入口；它的外層連接到甲狀軟骨（外觀像盾甲，故稱「甲狀」）和環狀軟骨。這叫甲狀腺的在我們吞嚥時會跟著上下移動，也是臨床上分辨是否甲狀腺腫脹的最佳方法：若我們對著鏡子，稍微抬頭，會見到正中間的「喉核」（結構上那是甲狀軟骨中間的突出，英文叫「Adam's apple」，這是男女都有的結構，只是男子在發育時更突出）。在我們吞嚥或吞口水時，喉核會上下移動；在喉核約兩個手指位下方，中央跟著上下移動的部分，便是甲狀腺所在。

正常大小的甲狀腺並不顯眼，若果如上述吞嚥時見到那裡有腫脹，便應該是甲狀腺的腫脹。經常會有病人指著前頸位置的脹起來問醫生：「醫生，我的朋友發現我的頸腫起來，會是甲狀腺嗎？」醫生檢查時，若發現該腫起部分不會隨著吞嚥而上下移動，那便不屬於甲狀腺的腫脹；往往那只是頸部皮下脂肪積聚所致（病人通常比較肥胖）。懂得檢查的重點，便可以立即分辨。

## 「大頸泡」是因為缺乏「碘質」？

我們常稱甲狀腺的腫脹為「大頸泡」，以往常說是因為缺乏「碘質」（iodine） 所致。碘質是製造甲狀腺素的必要元素，若食物缺乏碘質以致不足，甲狀腺便會增大以嘗試吸收更多碘質，變成大頸泡。但這些情況或已是古老小學常識課本的資料；現時我們的食鹽已經加入微量的碘質，確保了我們在食物裡可吸收足夠的碘，不會再因缺乏碘質引致大頸泡。不少病人患上各種甲狀腺的病患後，都會問醫生應否多吃些或少吃些魚或海產。因為病患並非因缺乏碘質所致，所以答案就是「沒關係」，多吃少吃海產是不會影響病情的。

## 認識甲狀腺

甲狀腺的形狀像一隻蝴蝶，左右各一「葉」（lobe），正常大小與大拇指的終節相若，中間的部分則稱為「峽」（isthmus）。甲狀腺的主要組織為製造甲狀腺素的球狀「濾泡」（follicles），一粒粒的貼在一起；填滿濾泡中間的膠狀物質則是尚未活化的甲狀腺素。（詳見下圖。）

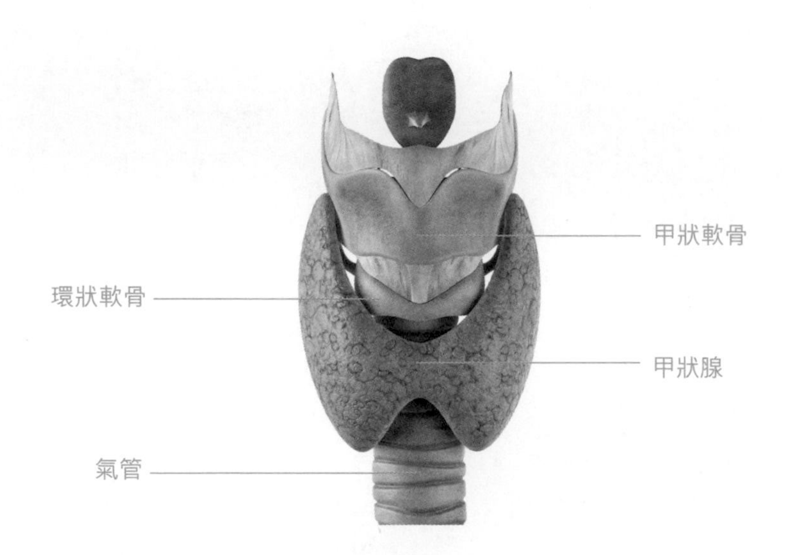

甲狀腺腫脹的種類多樣，有整體的增大，也有局部的腫塊。常見的「整體」增大，為「多結節甲狀腺腫」（multinodular goitre），即甲狀腺組織由均勻分布變成「一舊舊」（「結節」這醫學術語正是此意），整體地、卻又不平均地發大。這病變原因不明，但可以腫脹到很巨型，甚至壓迫到後面的主氣管、伸延到下面胸骨以後、阻塞到胸膛的出口、影響到靜脈血液從頭頸回留到心臟。

## 「格雷氏症」

「格雷氏症」（Graves' disease）的患者甲狀腺素過多，是「甲狀腺功能亢進」（thyrotoxicosis）的最常見病症；患者的甲狀腺通常會些微整體地脹大。「甲狀腺炎」（thyroiditis）會令器官整體增大，並常會帶有疼痛，常見有因自身免疫系統失調所致的「橋本氏甲狀腺炎」（Hashimoto thyroiditis），或因病毒感染所致的發炎。

「局部」增大，就是甲狀腺長了腫塊，大家最擔憂的自然是癌症。甲狀腺腫塊多見於女性（多男性四倍），年紀愈大愈多。絕大部分甲狀腺腫塊為良性，惡性腫瘤只佔很少數。良性的單獨腫塊有可能是結節性的增生、局部的炎症、水囊、良性腫瘤等。像林先生如此清楚述説到「在一夜之間，突然發現了一個圓滑的腫塊」，幾乎可以肯定那是一個水囊：血液偶然地灌注到甲狀腺內的一個濾泡，像吹脹個氣球般忽然間膨脹起來。這是良性狀況，故此醫生也可以叫林先生放心。

## 如何分辨甲狀腺腫脹的性質？

要診斷分辨甲狀腺腫脹的性質（整體？局部？多結節？水囊？腫瘤？確實大小？），超聲波掃描是非常有用和非常安全的檢查方法。若配合即時的「細針穿刺」（fine needle aspiration）檢查，便可以準確地在腫塊上抽取細胞來作顯微鏡觀察，確定腫塊的性質；若是水囊，更可以將內裡的血水抽出，令腫塊立即消退。

另一項特別的診斷方法，是「放射性碘攝取」（radioactive iodine uptake）檢查：患者吞下微量碘放射性同位素，藉著甲狀腺吸收碘的特質，放射性同位素會集中在甲狀腺內。接著讀取觀察甲狀腺不同位置吸收的量度，便可以分析甲狀腺腫脹的性質：那腫塊是「熱」的（吸收碘比標準多，代表細胞的分泌激素功能活躍），還是「冷」的（與「熱」相反，代表細胞的分泌激素功能不活躍）？簡單地説，「熱」的腫塊大多是良性；「冷」的腫塊較難分析，但長遠會有變癌可能，需要繼續跟進。

此篇只談到甲狀腺結構上的問題，還沒有談到功能（激素分泌）上的問題，也未談到為甲狀腺癌作普查所帶出來的禍害。下兩篇繼續討論。

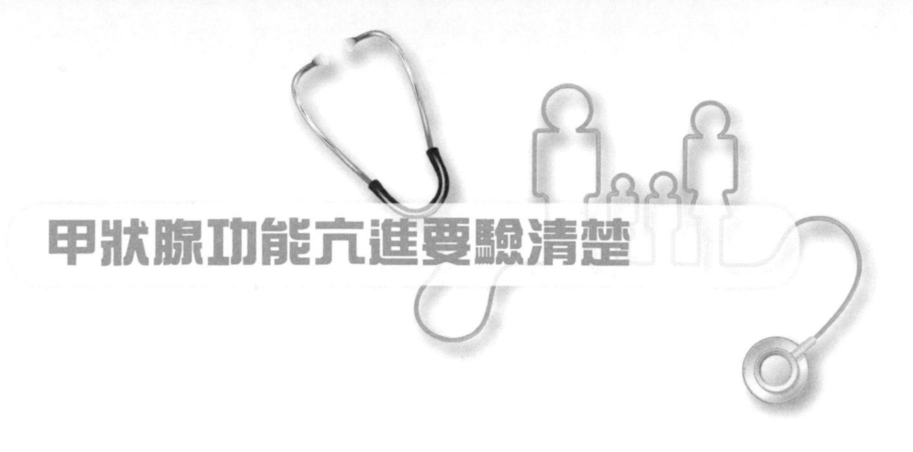

# 甲狀腺功能亢進要驗清楚

二十二歲的靜宜是家庭醫生的新病人。她一坐下便說：「醫生，我的心跳很快，我有甚麼事啊？」醫生的腦海裡，立時想到幾個可能：甲狀腺功能亢進、貧血、焦慮。醫生先為靜宜「把脈」：她的脈搏又快又急，達到每分鐘 130 多下；脈搏雖快，卻很規律。醫生再觀察靜宜：她身形瘦削，戴上眼鏡，但仍察覺到她的一雙眼球都有些微突出；她頸前面的甲狀腺位置也有些微平均的腫脹。

## 甲狀腺功能亢進

醫生繼續詢問靜宜的病情，她說：「我這樣心跳快也有三四個月了，開始時發覺瘦了幾公斤，覺得這樣也不錯吧！但近來發現愈來愈容易疲倦，心跳也覺得愈來愈快，便來看看醫生。」醫生問靜宜：「你有聽過甲狀腺過高的問題嗎？」「甲狀腺？是在喉嚨裡的嗎？」「喉嚨裡的是扁桃腺，甲狀腺是你頸前有些脹起的部分；你現在很可能是那裡分泌的甲狀腺素荷爾蒙過多，引起你心跳非常快和其他問題。請你盡快去抽血驗甲狀腺素，以確定是否這個病症。」

抽血結果回來，果然不出醫生所料，靜宜的甲狀腺素水平很高，確定是「甲狀腺功能亢進」（hyperthyroidism；又稱甲狀腺毒症，thyrotoxicosis）。醫生請靜宜回來覆診，告訴她患上甲狀腺功能亢進，並很可能是屬於當中最常見的「格雷氏症」（Graves' disease）。靜宜邊聽著醫生的解釋，邊拿起報告讀著，問醫生説：「醫生，你説我甲狀腺過高，但為甚麼這裡一個數字很低、一個數字又很高呢？」

## TSH 與 T4

驗「甲狀腺功能」（thyroid function test），通常會一起驗兩個項目：TSH 和 T4。靜宜的驗血結果是：TSH：<0.01（非常低：參考範圍：0.35 至 3.80 mIU/L）；T4：38.8 ↑（高，超過上限兩倍：參考範圍：9.5 至 18.1 pmol/L）。一個高、一個低，該如何分析？

TSH 是 thyroid stimulating hormone（促甲狀腺激素），是腦部「腦下垂體」（pituitary gland）分泌的激素；顧名思義，那是用來刺激甲狀腺去製造「甲狀腺素」（thyroxine，即 T4）；T4 就是甲狀腺分泌出的激素，這是調節新陳代謝、調控自主神經系統、協調身體各個細胞組織和器官系統運作速度的必要物質。

TSH 與 T4 的關係，就像「管理階級」與「前線員工」：TSH 從腦下垂體製造出來，經過血液循環到達頸前的甲狀腺，功能就是促使甲狀腺製造 T4；T4 則是有實際功能的激素：進入血液循環，分布到身體各處來控制細胞的新陳代謝。但這「管理」和「前線」組合的溝通絕非只是從上而下的單向，前線的狀況會非常緊密地回報到管理階層：當 T4 的水平旺盛時，會將訊息回傳到腦下垂體分泌 TSH 的組織，抑壓 TSH 的製造；相反，當 T4 水平低落時，製造 TSH 的組織也會監測得到，於是便增加製造 TSH，以促進製造 T4。這是我們內分泌系統的一個非常巧妙的設計功能——「負反饋機制」（negative feedback mechanism），目的是保持甲狀腺素水平可以既有彈性，又可以盡量保持穩定。

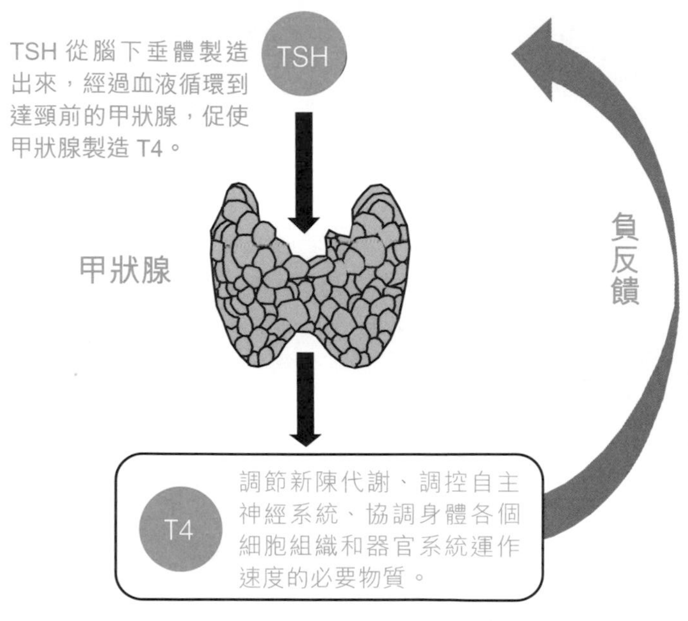

當甲狀腺出現病患，這個負反饋機制就會被搞亂：若甲狀腺持續製造出過多的甲狀腺素，腦下垂體的 TSH 就會被持續地壓抑著，甚至到了未能測度到的極低水平。故當驗血時測量到 TSH 極低、T4 上升時，那就可以確定那是因為甲狀腺本身的病患引致的甲狀腺功能亢進（簡稱「甲亢」）。

甲亢發作時，身體就像一部機械不休不止地在運作，出現一系列因新陳代謝超快所致的病徵：體重下降、胃口增加、焦躁緊張、手震心跳、冒汗怕熱、月經失調（通常是經量減少）；檢查時發現脈搏快速、甲狀腺腫大，以聽筒聽甲狀腺時或發現血液流動的聲音（thyroid bruit）。患者出現愈多以上的徵狀，愈有可能是患上甲亢。

## 甲亢的徵兆與可引致甲亢的病患

臨床上最能預測甲亢的，是持續的快速心跳：甲亢患者的脈搏，會長期維持在很快的狀態，通常達到每分鐘 120 次或以上，就像是不停在做劇烈運動一樣！也有焦慮緊張的病人，常常感覺到心跳不適，擔心患上甲亢而來找醫生。病者的脈搏可能因為焦慮而稍快，但極少會持續快到 120 次或以上。當然，驗過甲狀腺功能便可以分辨清楚。而患上焦慮症的病人，也必須驗甲狀腺功能，以排除因為甲亢而導致焦慮的狀態。

甲亢是綜合病人臨床徵狀與驗血結果的一個病態，卻不是一個確實的診斷：引致甲亢的病患，有最常見的格雷氏症。這是因為自我免疫系統失調，身體產生了針對 TSH 受體的自我抗體

（autoantibodies），過度刺激甲狀腺去不斷製造過量的甲狀腺素。格雷氏症另一個大特點，就是會引致「甲狀腺眼」（Graves' orbitopathy）：自我抗體同時刺激雙眼眼窩周圍的軟組織，引致上眼蓋回縮、上眼蓋滯後、上眼蓋腫脹、結膜炎、眼球突出、眼外肌肉的炎症等問題。

其他引起甲亢的病患有分泌過量的多結節甲狀腺腫或良性腫瘤、因病毒感染或其他原因的甲狀腺炎、因藥物〔如amiodarone（心律調節藥）、lithium（鋰劑：治療燥鬱症藥物）〕或因過量服用碘質所致。發現有甲亢，家庭醫生需要再仔細分辨，找出確實的根本病因，以配合更適當的治療方案。

這裡所描述的是簡化了的版本，調控甲狀腺的還有更高層次的「下丘腦」（hypothalamus）部分；甲狀腺素也要轉化成活躍的 T3（triiodothyronine）才能在細胞上發揮功能。而臨床上大部分的甲狀腺病症都並不需要處理這些，故在此從簡不提。

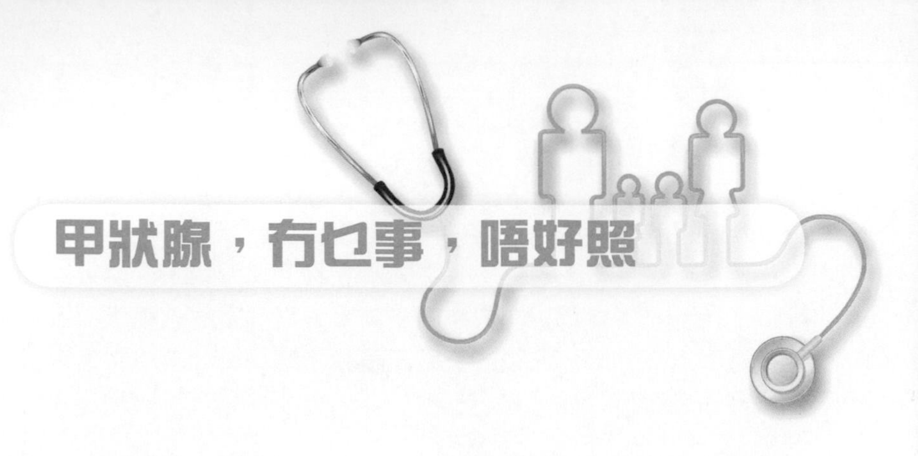

# 甲狀腺，冇乜事，唔好照

二〇一八年十月十七至二十一日「世界家庭醫生組織世界大會」（WONCA World）在南韓首爾舉行，全球超過九十個國家共二千多位家庭醫生出席會議。這次會議對我們香港亦份外有意義，因為我們學院的前任院長李國棟醫生正式上任為世界家庭醫生組織的主席，未來兩年會在世界各地繼續推廣家庭醫學在醫療系統中的關鍵地位。

會議內容多彩多姿，我最關注的「過度診斷」（overdiagnosis）當然也是其中的討論課題。其中一個環節，就是以此為主題，由歐洲多國代表主持的研討會。會上來自全球各地的醫生熱烈討論，分享自家地區過度診斷的例子和病人因此受害的事例。當中，有南韓的家庭醫生分享南韓因進行不當篩查、過度診斷所致的「甲狀腺癌爆發」。

## 全球公共衞生的反面教材

南韓近年有韓劇、K Pop 風行全球，醫學上則因過度診斷甲狀腺癌而聞名世界，成為全球公共衞生的反面教材。南韓政府在一九九九年起推廣全國性的癌症篩查，為合資格的市民進行免費的乳癌、子宮癌、大腸癌、胃癌、肝癌的篩查。甲狀腺癌的篩查原本不在計劃之中，但提供服務的機構卻經常將照「甲狀腺超聲波」額外加入「套餐」內——只需自費加多些少錢，你便可以同時間做多一樣癌症篩查，何樂而不為呢？自此，以超聲波為甲狀腺癌作篩查在南韓蔚然成風，因為這檢查方法既簡單又方便，又不需要任何額外預備，而且超聲波又絕對安全……但真是這樣理想嗎？

以超聲波為健康人士作甲狀腺癌篩查，結果就是在甲狀腺裡發現很多細小（一至二厘米）的腫瘤。這些腫瘤通常在外看不到摸不出，沒有任何徵狀，只會在照超聲波時被發現；在照到可疑腫瘤後，下一步就是以細針穿刺作細胞檢驗，結果發現這些細胞絕大部分都屬「乳突癌」（papillary carcinoma），即各種類甲狀腺癌中最常見、同時也是相對最「唔惡」、預後最理想的種類。

當大家都為及早發現到甲狀腺癌、保障到市民健康而欣慰時，流行病學的觀察研究卻發現，到了二〇一一年進行篩查多年後，診斷出來的甲狀腺癌數字是一九九三年篩查前的十五倍！甲狀腺癌的唯一已知風險是接觸到電離輻射，但南韓一直沒有發生過甚麼特別事故令民眾受到額外的輻射影響。故此，唯一解釋甲狀腺癌數字激增的原因，就是故意去篩查而發現所致。

但在這十多年間，因甲狀腺癌而死亡的病人卻沒有因此而減少！因為其他種類的甲狀腺癌，如「濾泡癌」（follicular carcinoma）、「髓質癌」（medullary carcinoma）、「未分化癌」（anaplastic carinoma）這些較少見、但卻更「惡」的癌症並沒有因為篩查而減少，所以這些種類癌症的死亡率也沒有因進行篩查而減少。

## 典型的「過度診斷」

要檢視癌症篩查方法是否有效的「黃金標準」，必定是監察該些措施能否減低因該癌症所致的死亡率。以南韓為甲狀腺癌作篩查的結果為例，功夫做了很多，資源用了很多，找到「癌症」也很多，因此而接受治療的病人也很多，但因甲狀腺癌而死亡的病人卻沒有減少了！即是説，為甲狀腺癌作篩查就是「白做」！那麼因篩查而多找出來的甲狀腺癌症個案又如何理解呢？這些就是典型因「過度診斷」所致的情況。

要解釋因不恰當癌症篩查所致的過度診斷，必須謹慎小心，以免令大家有任何誤解。最合理的解釋，就是這些經過篩查被找到的甲狀腺癌，很有可能不會引起任何健康問題；這些乳突癌細胞毫無徵狀，若非經過照超聲波，不會被發現出來，也不會進一步演變成傷害；很有可能這些癌細胞只會維持原狀，甚至會復原成正常的細胞。這些情況，跟我們一般理解到的「癌症」有很大分別。

但若果我真的是這麼「幸運」透過照超聲波和抽細胞檢查而證實患上了這甲狀腺乳突癌，我與我的醫生可以置之不理嗎？這是癌症，只是等待觀察可以嗎？最終定是接受標準的治療，但須承擔接受治療附帶的風險，而且要動用到寶貴的醫療資源。雖然最終你很慶幸癌症被治好了，但可有想過，若果那次你沒有照過甲狀腺，你極有可能繼續「冇事冇幹」，也不會被發現患上那個癌症！

南韓衛生當局最終察覺到這個過度診斷甲狀腺癌的問題，在二〇一五年發表全國指引，不建議為健康人士照甲狀腺超聲波來篩查癌症。這也算是亡羊補牢，而在此之後被診斷出的甲狀腺癌數目也明顯下降，因此的死亡率則是繼續平穩。

## 多驗未必冇壞

每種癌症都有非常不同的特性，每種癌症作篩查的方法更是差異極大；市面上聲稱可作癌症篩查的方法有很多，某種方法可能果真是篩查某種癌症的有效方法，例如大便隱血測試能有效驗出大腸癌症狀，然而，這並不代表其他方法也同樣有效，就如照超聲波驗甲狀腺癌則無效。每當收到信箱裡宣傳身體檢查「套餐」的單張，見到當中有很多聲稱檢查這個那個癌症的方法，真是觸目驚心！這些都是沒有效、不準確的篩查方法，卻在利用大眾對癌症的恐懼或誤認為「多驗些冇壞」的心態來瘋狂謀利，對民眾無端做成傷害！

再次強調這裡討論的問題是為健康人士無端去照甲狀腺超聲波。若果甲狀腺出現結構或功能上的變化，照超聲波肯定是最佳的第一線檢查方法。而每種癌症的性質都不同，有疑問必須找家庭醫生問清楚。

# 【二】

# 踏入中老年，要知道的健康常識

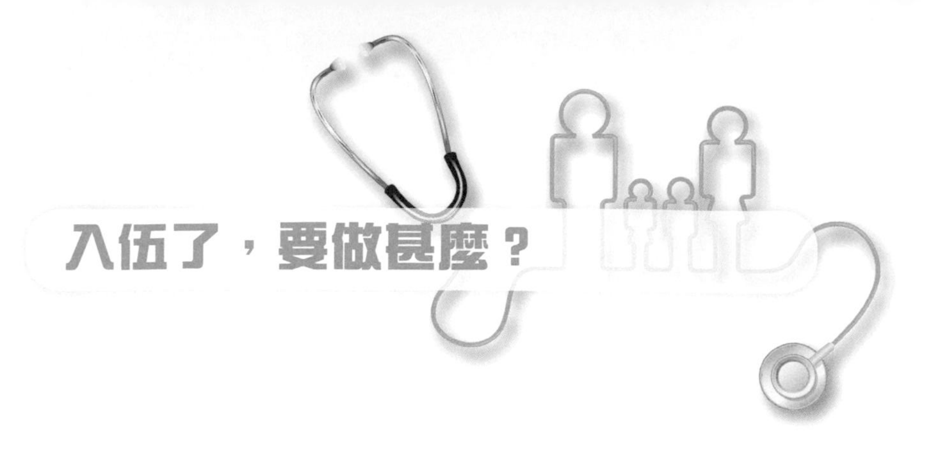

# 入伍了，要做甚麼？

近來常聽見人們說「入伍」、「登陸」，那是踏入五十歲、登上六十歲的相關語。「入伍」了，要做些甚麼呢？計劃退休？為尚未出身的兒女繼續儲蓄買樓的首期？同時，勿忘記踏入五十歲身體開始愈來愈多勞損、出現新問題的可能也愈大，需要更留意健康。要兼顧這一切，困難實在不小！

## 定期檢測「大腸癌」

在預防癌症方面，有一項建議是所有「入伍」後的朋友都應知道的：

本港「癌症預防及普查專家工作小組」建議年齡介乎五十至七十五歲的一般人士應與醫生商討，並考慮使用以下任何一種篩查方法檢測大腸癌：

一、每一至兩年接受一次大便隱血測試；

二、每五年接受一次乙狀結腸鏡檢查；

三、每十年接受一次大腸鏡檢查。

（「一般人士」是指中等風險的健康人士。「高風險人士」

主要是指直系親屬於六十歲或以前確診患上大腸癌，或患有遺傳性腸病，應與醫生個別詳細商討。）

大腸癌（colorectal cancer，又稱結直腸癌），以二〇一七年的發病數字（incidence）來看，有 5,635 宗（男性 3,303 宗、女性 2,332 宗），是所有癌症中的第一位；死亡數字則為 2,138 宗（男性 1,274 宗、女性 864 宗），僅次於肺癌為第二位。

以前線臨床觀察所得，大腸癌的病例也是常見。有幸是病人普遍都對這癌症愈來愈留意，會因出現懷疑是大腸癌的徵狀主動來求醫。但不幸延遲發現的情況仍然常見：好些患者出現病徵時已經是晚期（三期：已經從大腸壁擴展到腸系膜的淋巴核；四期：已經擴散到身體各個部分，最常是到肝臟）；有患者因為無故暴瘦，經檢查後才發現患有大腸癌；也有患者突然嘔吐腹痛、腹部隆脹，急症入院方發現是因為大腸癌引致腸塞；也有病人因定期身體檢查，發現患上貧血，才發現是因為大腸癌持續慢慢出血所致。

## 大腸瘜肉會演變成大腸癌？

大腸癌是由大腸內壁的一些「瘜肉」（colonic polyp）一步步「變惡」所引起。大腸瘜肉通常可在照大腸鏡時被發現及切除。關於大腸瘜肉，大家要知道一些特點：大腸瘜肉很常見，大腸各部分都可以長瘜肉，一處切除了，另一處又可以再新生；瘜肉「有惡有唔惡」，不是所有瘜肉都會變成癌症：「增生性瘜肉」（hyperplastic polyp）即正常大腸內壁黏膜的增生，不含會變異的細胞，不會變癌；「腺狀瘜肉」（adenomatous polyp）

則長有活躍、有變異潛質（dysplastic）的細胞，當中又以細胞組織的結構分為「管狀腺瘤」（tubular adenoma，較不活躍，致癌機會低）、「海藻狀腺瘤」（villous adenoma，最活躍，高風險，可視為癌前期）與「管狀海藻狀腺瘤」（tubular-villous adenoma，兩者之間）。

瘜肉的數量與大小跟致癌的風險成正比：愈多粒代表大腸內壁黏膜愈活躍、愈大粒代表該瘜肉不停在成長，增加變成大腸癌的風險；絕大部分瘜肉都不會出現臨床徵狀，但瘜肉的表面黏膜容易出血，滲出的微量血會混進糞便裡排出；即使是活躍的瘜肉，演變成大腸癌的「自然歷程」（natural history）其實是緩慢的，通常需要十年左右；若瘜肉被切除，那自然再沒有機會變成癌症了！

綜上所述，研究發現了「大便隱血檢驗」是有效發現大腸瘜肉、及早發現大腸癌的好方法。若大便隱血檢驗結果是「陽性」，便會安排進行照大腸鏡，以直接看清楚大腸的真實狀況，找出瘜肉、腸炎、腸潰瘍，甚至是癌症等可能出血的病因。大便隱血這個檢驗全無風險、簡單方便、價格便宜、黑白分明、跟進方便、流程清晰，實在是個理想的預防大腸癌的「篩查」方法。

## 大便隱血檢驗前的注意事項

大家或會問，若果現在有痔瘡出血，可以作這個大便隱血檢驗嗎？痔瘡出血可以影響大便隱血檢驗的準確度（那是「明血」，會做成「假陽性」），故此痔瘡出血時不適合做大便隱血檢驗，也應該留待沒有痔瘡出血後才留大便作檢驗。排除痔瘡出血後，若大便驗出陽性結果，也就要考慮痔瘡出血以外的更嚴重病患。

以往舊式的大便隱血檢驗需要病人先戒紅肉、豬肝、豬血等食物，以免食物裡的鐵質在大便排泄出後，做成假陽性；現在作大便隱血檢驗的技術先進，只會驗出人類的血液，故此不需要病人事先特別戒口，病人可以更方便去留大便。

預備照大腸鏡前最重要是將大腸裡的所有糞便排得一乾二淨，故病人要在照鏡前要先喝大量用來排便的「洗腸水」以完全清洗大腸。喝這洗腸水要喝到直入直出，過程並不好受。有好些病人沒有依指示將洗腸水喝完，最終令到有些宿便殘留在大腸內，影響了觀察出來的結果。

照大腸鏡時會將內窺鏡從肛門插入，直接將整條大腸的內壁看個一清二楚，並即時將發現到的瘜肉切除取出，或將發現到的其他病變取組織作化驗。照大腸鏡屬非入侵性檢查，最主要的併發症是刺穿腸壁，但屬極低風險，病人不需因此太過擔憂。大部分照大腸鏡病人都可以在日間醫院或診所來進行，只需輕度的麻醉或注射些鎮靜劑。

## 全民篩查，及早發現隱藏病患

大家要認識患上大腸癌的風險因素：包括肥胖、高脂肪食物、紅肉、加工肉、飲酒、吸煙、男性、大年紀，加上家族病史、患上發炎性腸道症等。（如果將這些風險組合在一起時，你可能會想起身邊某個朋友，那就快提醒鼓勵他去做大便隱血檢驗！）但事實上，近八至九成的大腸癌患者都沒有這些明顯的風險（即屬中等風險），故此更加需要做全民篩查來及早發現病症。

所謂「篩查」（或「普查」），其實是為所有健康無恙、患病風險屬中等的人士而設，希望幫助人們及早發現那些未知的病患。篩查通常會界定一個特定的年齡範圍，以增加篩查的效果與意義。以大腸癌的篩查為例，若果參與人士的年齡太年輕，患病的風險普遍不高，篩查的效果不大；年齡太大，患大腸癌的風險雖然會更高，但因為他們很可能同時間已經「儲下」了不少其他病患，身體的整體機能已見衰退，那及早發現尚無徵狀的病患的意義會變得比較低。故此大腸癌的篩查建議從五十歲開始，七十五歲結束，也是個平衡所有利弊後的結果。

## 本港大腸癌篩查的步伐

讓我們看看本港大腸癌篩查的步伐：政府自二〇一六年九月開始，展開為期三年的先導計劃，其後已經將計劃恆常化，到了二〇二〇年一月一日年起則已經擴展至五十至七十五歲，並且沒有徵狀的合資格香港居民參加。屬這個年齡組別的朋友，可以先找已經參與了這計劃的家庭醫生進行兩次「大便隱血檢驗」。檢驗由政府出錢，參加朋友不需為此付錢。

若果現在尚未「入伍」，又擔心自己有大腸癌，但政府的篩查計劃又沒有我份，我該怎辦呢？有問題，當然是找你的家庭醫生！始終篩查的建議比較概括，會有其局限；家庭醫生則會更全面又更準確地為每位病人評估其個人風險，不論是關於大腸癌、其他癌症（肺癌、肝癌、乳癌也是極重要的考慮）、心腦血管病、關節骨骼健康、精神壓力問題，還是純粹想傾訴心中的擔憂等，家庭醫生都是你最好的幫助。

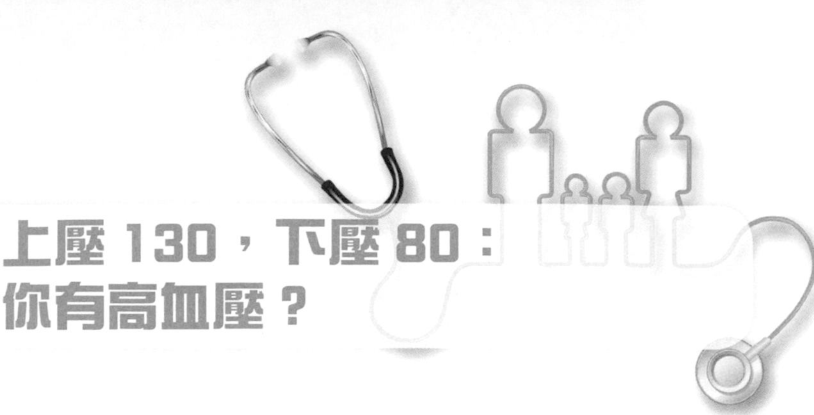

# 上壓 130，下壓 80：你有高血壓？

「你的血壓上壓是 130，下壓是 80⋯⋯」

在二〇一七年十一月十三日之前，醫生會繼續說：「你的血壓正常，放心。」

在二〇一七年十一月十三日之後，醫生或會說：「你有高血壓，當心！」

我們一向都將高血壓定義為上壓 140mmHg，下壓 90mmHg。〔上壓為「收縮壓」，即心臟收縮，將血液泵出時的壓力；下壓為「舒張壓」，即心臟放鬆，讓血液回流時的壓力。病人通常上下壓齊高齊低齊正常；但有時上壓高下壓低（普遍見於長者），也有上壓正常下壓高，醫生會為病人作個別考慮和處理。〕二〇一七年十一月十三日，美國心臟科學院（ACC）與美國心臟聯會（AHA）發表了新的高血壓定義，只要血壓上壓高於 130mmHg，下壓高於 80mmHg，就是患有高血壓。這項消息一出，立刻震驚全世界，全球各大傳媒都廣為報導。

以這個收緊了的新標準，估計美國人患上高血壓的比率，會由以往的 32%（以 140/90mmHg 為界），忽然地大增到 46%（以 130/80mmHg 為界）！原來美國最有權力的人，不是美國總統，而是美國的心臟科醫生，可以在一瞬間將 14%、近三千萬美國人，由正常人變成患有高血壓的「病人」！

說來說去，也還是要回到基本步，究竟甚麼是高血壓？高血壓是患上各種心腦血管病（冠心病、心臟衰竭、腦中風、周邊動脈血管病）、腎衰竭的重要風險。患上各種病患的實質風險，與高血壓的度數是明顯的正比例：血壓愈高，患上這些各種病患的機會就是愈大；血壓愈低，風險便是愈低。

## 如何定義高血壓？

那如何定義高血壓呢？血壓你有我有，不是甚麼非黑即白、全有全無的怪病。血壓在整個人口中是個「常態分布」（normal distribution），定義高血壓，就等於在常態分布上畫垂直線，將某個度數以上定義為「病態」，將某個百分比的人士定義為高血壓。

定義的標準，就是觀察各個血壓度數的人士，在經過長期跟進後，最終會否患上各項嚴重病患。〔這是「列隊研究」（cohort study）的概念。〕根據過往的研究，發現血壓高於 140/90mmHg 會增加多項病患的機會，故此就將高血壓定義為 140/90mmHg 或以上。現在這個更新的定義，就是美國心臟聯會集合更多的研究資料，包括一些大型的「隨機對照研究」（如二〇一五年的 SPRINT Trial），發現原來血壓在 130 至 139/80 至 89mmHg 這個區域，都會稍微增加各項病患的風險，故此推出這個收緊了的定義。

## 美國對高血壓的新標準

美國這個新標準的影響實在極其巨大，將接近一半美國成人人口、大多是健康無恙的人定義為高血壓，那麼我們在香港又該如何拆解分析呢？

以公共衛生的角度來看，則肯定是整體人口的血壓愈低，全人患上各項併發症的數字肯定會愈低。故此公共衛生專家或會非常認同這個新標準：若果每個人都愈加重視血壓問題，便會愈多人可以將血壓控制於更低的水平，最後也會愈少人患病。各種公共衛生措施與政策，包括推廣「低鹽食物」，多蔬果、高纖維、少肉類的飲食（DASH: dietary approach to stop hypertension），控制酒精與戒煙，增加康體設施鼓勵多運動，制定標準工時減輕工作壓力等等，都肯定有助降低整體人口的血壓度數，預防心腦血管病。若果收緊高血壓的定義，變相也是鼓勵每個人都更努力實踐以上的非藥物治療來降低血壓，也是件美事。

再要問，美國的標準其實是否適用於我們？美國國情與我們不同，在心腦血管病風險的評估上也肯定是大大不同。不少跟進的研究都發現，若果以美式的心腦血管病評估標準來計算其他國家民族的風險，普遍發現會將風險評估得過高。而美國整體上心腦血管病的數量與對社會的負荷，亦比華人社群高出不少。因此，在考慮採納這個更嚴緊的標準前，必須先經過更嚴格的驗證，看看是否真的適用於我們。

## 高血壓的成因

臨床上，絕大部分高血壓均為原發性，只有少部分是由內分泌病患、腎病等引致；而發現有高血壓後，應該定期檢查是否患有隱藏著的併發症；若已經出現併發症，如發現腎功能有損害，或已經確實患有心腦血管病，更是必須控制血壓至更低水平。

另外，高血壓是一個範圍極大的名稱：我的血壓131/81mmHg是高血壓（美國新標準：高血壓一期），他的血壓210/120mmHg（不用說，高到爆燈）也是高血壓，兩者的風險肯定有天淵之別，處理的緩急與方法也必定是大有不同！希望所有醫生與病人都要實事求是，根據高血壓的嚴重程度去分析處理，一方面不需要過分誇大輕微高血壓的危害，另一方面亦不容遺漏一個嚴重的高血壓病人！

## 高血壓是不是病患？

也要明白嚴格上大部分沒有併發症的高血壓不應算是病患，而是心腦血管病的其中一項患病風險，故此必須綜合考慮所有其他的患病風險（包括年齡、性別、血糖、膽固醇水平、吸煙飲酒、體重、家族的病史），來評估個人的整體心腦血管病風險。若果整體心腦血管病風險很高，那麼輕微的高血壓也需要服藥控制好。最佳例子是糖尿病：患有糖尿病等同於最高風險，故此臨床指引一向都建議將血壓嚴格控制到130/80mmHg或以下。

相反，若果沒有其他患病風險，那麼輕微的高血壓也不會令整體心腦血管病風險有明顯增加，大可以先從各項非藥物方法入手來控制血壓，同時也可以容讓血壓不需要降到太低。

與其在數字上糾纏不清，不如找家庭醫生清楚評估整體心腦血管病風險，作更全面的處理才是更明智。

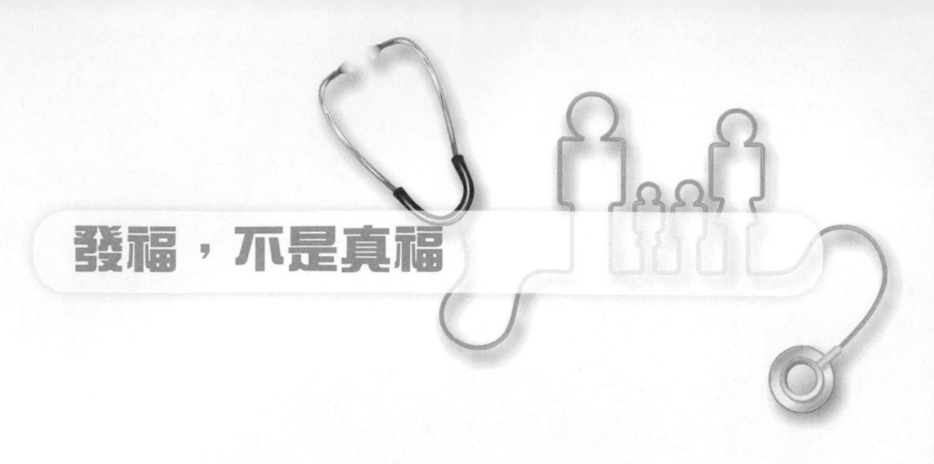


電視曾經有過這樣一句宣傳語句：「現在沒有，將來一定會有。」我打趣地想到：「是指『肚腩』嗎？」這似乎也是事實，不少朋友成就愈大，財富愈多，身體也愈重。中年人士體重日漸增長，正是都市人極普遍的現象。

若遇見一位很久不見的中年朋友變得瘦了，你會很擔憂他是否患上重病、生 cancer；相反，當發現朋友長胖了，你會笑稱他是「中年發福」，說起來似乎是件好事，但可有細心想想，中年發福真的是「福」嗎？

## 體重指標——BMI

有人會對自己發福的情況不大理會，或者會故意視而不見。現實上過分關注或完全忽視體重問題的亦大有人在，那麼體重是否有客觀的標準呢？最普遍就是以「體重指標」（BMI）來計算。計算很簡單，就是以體重除以身高的平方。如下：

公式：體重指標＝體重（公斤）/ 身高（米）$^2$

例子：身高 1.7 米，體重 70 公斤

BMI ： 70 ／（1.7）$^2$ =24.2

以亞洲人來看，「理想」指數為18.5至23；23至25為「超重」（overweight）；高於25已屬「肥胖」（obesity）。這可是個相當嚴格的標準，一經計算，可能會驚覺自己已到達了超重／肥胖的分類。

## 體重指標二——「腰圍」量度

另一個簡單的體重指標是量度「腰圍」（waist circumference）。腰間是指腰中間最闊的「水泡」位。男性腰圍達90厘米（約36吋）、女性達80厘米（約32吋），便是「中央肥胖」。超重／肥胖者基本上都長了個「肚腩」（部分肌肉發達、手粗腳壯者除外），也就同時都是中央肥胖！中央肥胖就是過量的脂肪存積在腹間，脂肪除了儲存在肚子的皮膚之下外，同時也存在腹腔之內，包裹著各個內臟，影響小腸、肝臟和胰臟的運作。這「肚滿腸肥」的狀態影響了身體新陳代謝的功能，不能有效地吸收儲存血糖和血脂，尤其大大增加了患糖尿病的風險，也增加高血脂和心腦血管病的風險！

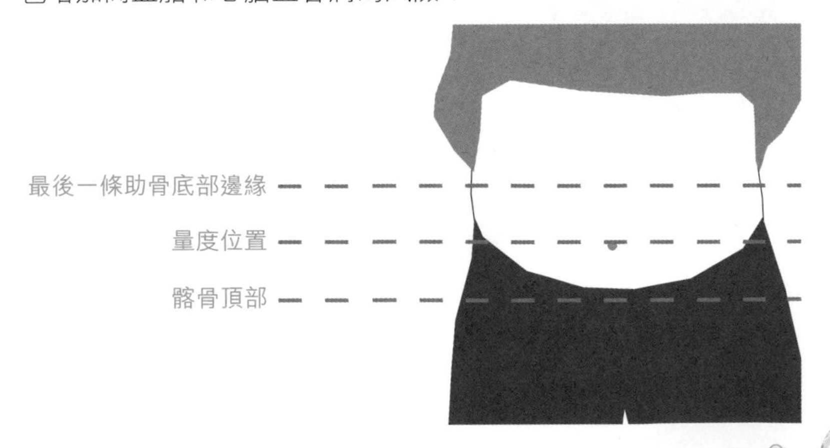

注意「腰圍」並非褲子的「褲頭」：當閣下仍能努力地將 34 吋褲頭的鈕扣扣上時，閣下的「腰圍」可能已經達到 38 吋的中央肥胖了。更簡單地説，若腰間出現了條「士啤軚」，極可能已屬於超重／肥胖了。

説來説去，就是希望大家及早留意，並努力改善超重／肥胖這個都市人的重要隱疾。現今有一個怪現象，就是社會和個人愈來愈重視健康的同時，對肥胖的問題卻像視而不見，容許它持續下去。若閣下屬超重肥胖，可真的要問問自己到底有正視過這問題嗎？

## 肥胖的風險及原因

當體重理想者患病的風險為最低時，超重肥胖者患上各類疾病的風險則明顯上升。肥胖者患上二型糖尿病、血脂異常、睡眠窒息症的相對風險比起體重理想者高出超過三倍；冠心病、高血壓、膝關節退化病的相對風險則高出兩至三倍。另外要注意超重肥胖是「獨立的」患病風險，即是若果我屬超重肥胖，就算我的血壓、血糖、血脂都是理想，我患上冠心病和中風的風險仍然是增加了。某些癌症如大腸癌、乳癌，肥胖人士的風險亦高出一至兩倍。相反，在改善肥胖問題後，各種病患的風險亦可以改善和逆轉。

肥胖的原因，大家都知道。都市生活物資豐富，飲食從來不缺；正因為唾手可得，所以總不懂珍惜，無論在家裡煮飯或出外用膳，預備的食物份量總是比所需的多。多有多吃，結果吃進肚子，超出身體所需。不少人因為見有食物餘下，卻又不想浪費，所以即便吃飽了，也繼續將食物掃光。又有些中年人，也許是生活壓力實在太大，對飲食享樂便額外寬容。好好享受美食，不時食自助餐「食餐勁」，已是不少朋友的最佳減壓法。這是都市人習以為常的事，卻也是日漸長胖的原因。

## 坐言起行，制定個人的減肥目標

也許空餘時間實在太少，也許沒有運動實在太久，也許做運動實在太辛苦，所以怎樣也提不起勁去開始運動。加上都市交通便利，辛勞一天後已太疲倦，結果連步行這最基本的運動也少得很（看看手機這天走了幾多步⋯⋯）。最終在「入口過多、出口過少」的不平衡情況下，體重便日漸增加。也許改變實在太艱難，接受現實是個最佳選擇。對於一位中年人士的超重肥胖，大家喜愛以「發福」、「成熟」、「穩重」等去美化它。但如此自欺欺人，最終受苦的恐怕還是自己。

問問一位中年發福的朋友，有否想過改善體重，他可以説出一百個做不到的理由。若問他們二十年前的身形體重是否如現在般，則大部分都會回答説：「可不是，那時 fit 得多！只不過這些年來⋯⋯」要改變這個經年累月的狀況，真是件難事。但反過來看，正因為肥胖是後天習慣所致，要重新改正使它逆轉，永遠有機會做到！

真正持續有效的方法，不是甚麼減肥藥物、甚麼速效減肥餐單，而是切實地控制飲食和恆常充足地運動。更先決的，還是要為自己找個坐言起行的原因：或許是為了幼小兒女著想，或許是不想中風後要別人照顧，或許是不希望要長期服用各種慢性疾病的藥物，又或者是希望可以再次穿上那件不合身的衫褲……立定決心減肥的原因，每個人都不同，不應是家人或醫生強加給你的，必定要找到屬於自己的原因，才能有切實行動的可能。

控制好體重，反映出自制、節約、珍惜、積極、自重等素質，而最終也是自己的健康得益，得到真的福分。

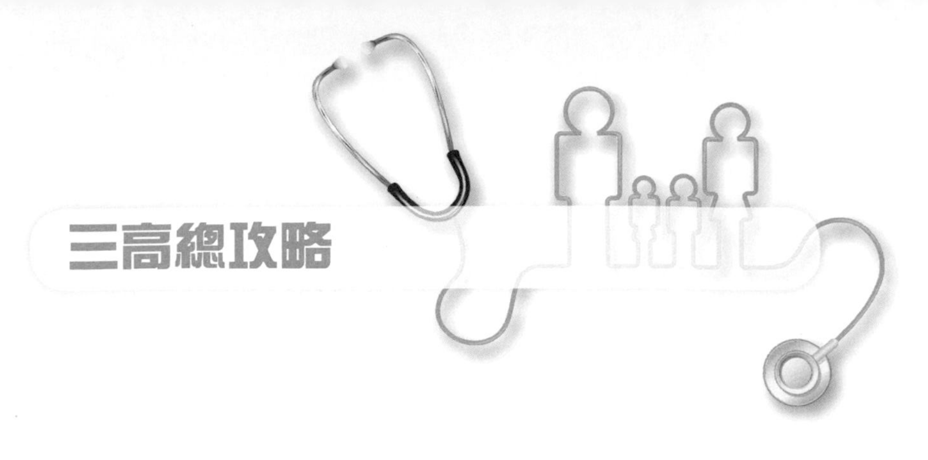

# 三高總攻略

大家非常關注「三高」，就是「高血壓」、「高血糖」（糖尿病）、「高血脂」。三高極之普遍，大家到了中年或都會有一至三項。但普遍是一回事，是否清晰理解又是另一回事。家庭醫生是處理三高的專家，也很樂意為大家釐清關於三高的各項疑問。

先總括一些三高的必要認識：為何要害怕「三高」？因為三高是心腦血管病的最重要風險，是導致冠心病、腦中風、腎衰竭的原因；而致病的風險是「累積性」的，患有的「高」愈多，「總心血管病風險」（overall cardiovascular risk）愈高，問題愈大，愈需要認真處理好。

## 三高彼此之間有因果關係嗎？

常常有病人問高血壓會否引致糖尿病？糖尿病又會導致高血脂嗎？其實三高彼此間沒有直接的因果關係。不過若因為患有三高而出現併發症，則可以令到其餘的高變差，甚至做成一個惡性循環。例如若果病人因為糖尿病引致腎功能受損、腎衰竭，則很可能會導致血壓和血脂更差，併發症更多更嚴重。

三高都不是非黑即白、全有全無的問題，而是有嚴重、有輕微的連續參數：嚴重的高血壓、糖尿病、高血脂，若跟輕微的情況比較，真實的風險和傷害實在大有分別。患上三高任何一項雖然都並非好事，但也應該問清楚醫生情況的嚴重程度，以更準確地計劃控制處理的方案。

## 高血壓的危害

關於高血壓，醫生非常希望患者知悉，真正會傷害血管和循環系統的高血壓，是長期持續的血壓過高。若果患者在三個月期間，在身體無恙的狀態下，連續多次量度血壓都持續過高，那便很可能是患上真正的高血壓，需要接受合適的治療。相反，若果血壓是時高時低，昨天低今天高明天正常，時時日日不同，那最好就先靜觀其變，千萬不需要太快下定論，急於開始服藥。

血壓是反映我們生理狀態的指數，是會很正常地隨著身體的狀態起起伏伏。每當頭暈頭痛、緊張刺激、情緒起伏，都會影響我們的血壓，令到血壓上升。這是正常不過的生理反應。但很多朋友不明其故，因此往往落入這樣的一個迷亂中：我昨天還好好的，血壓正常；今天頭痛頭暈身體不適，一量血壓，發現比之前高得多了，於是直覺地想到：「是高血壓令到我頭痛頭暈身體不適！」

這是「因果倒置」的思考陷阱：血壓上升是身體不適所致的「結果」，並不是導致身體不適的「原因」啊！但病人往往因為「擔心血壓上升」（注意：不是血壓上升本身），思想上無限上綱（通常是擔憂那是中風的先兆），恐慌失控，最後除了令自己承受原本的病症外，還要加上因血壓上升而擔驚受怕，無端嚇壞自己！看清孰因孰果，非常重要。

## 糖尿病的病理機制

關於高血糖／糖尿病，要先解釋一下糖尿病的病理機制。糖尿病患者的血糖持續過高，是因為血液裡的「胰島素」（insulin）不能有效地將血糖降低。患者產生了「胰島素阻抗」（insulin resistance）：即是身體對胰島素「冇反應」，也可以説患者的胰島素「唔夠力」，叫肝臟和肌肉不能有效吸收血糖，令血糖持續過高，傷害身體各處的大血管和微絲血管，引起各種併發症。

大家須知道，糖尿病的兩大患病風險，是「家族病史」和「肥胖」。糖尿病有很強的家族遺傳性，若果父母、祖父母、父母兩邊的親屬有人患上糖尿病，那就代表自己會有更大機率患上糖尿病，應定期檢驗血糖，希望盡早發現可能隱藏著的糖尿病／前期糖尿病。家族病史這風險雖屬不可逆轉，但若從另一個角度來看，也是可以最早發現到的風險。有糖尿病家族病史的朋友實在要留意。

「肥胖」是糖尿病的另一項極大風險，兩者關係極為密切，故近年有所謂「糖胖症」（diabesity：diabetes + obesity）的診斷；但非常慶幸的，就是肥胖絕對是「可逆轉」的風險！若果病人發現患上糖尿病同時又肥胖過重，那麼第一時間要做的，就是下定決心去減肥！糖尿病在初確診時若非很嚴重，那麼先嘗試努力減肥減磅肯定是第一線的治療。研究確認成功減肥（減掉體重 7%）會令糖尿病情大大改善！當然減肥的效果因人而異，也不能太過強求，但事實有不少糖尿病人在成功減肥後，將糖尿病病情完全控制好，成功將「糖化血紅素」（HbA1c：監察糖尿病的最重要指標，反映過去三個月的血糖控制情況，通常以 7% 或以下為理想）降到 6.5% 或以下（很理想的水平）。

也有患上糖尿病的父母很擔憂會將病患遺傳給子女。醫生最實際的建議，就是一家人都要控制飲食、常做運動，避免肥胖超重這問題在子女身上出現，這肯定是保守子女的最好對策。

## 高血脂帶來動脈粥樣硬化

關於高血脂，其危害就是血脂愈高，沉積在受損動脈血管內壁的情況愈嚴重，並形成「動脈粥樣硬化」（atherosclerosis）及其併發症。當血脂水平經藥物或非藥物治療得改善後，也就能預防動脈粥樣硬化的進展和惡化，甚至有令病態逆轉的機會。臨床上醫生的建議也很簡單，就是要「驗過先知」！不少體重很標準、飲食很節制的朋友，會認為自己的血脂／膽固醇必然正常。但高血脂這問題，除了跟飲食有些少關係外，更大程度是受自身或遺傳因素所控制：那就是有些人會高、有些人低；有肥胖的人血脂很好，也有瘦削的人血脂很差；若沒有驗過，實在難以估計。

驗血脂時通常有四個數字：「總膽固醇」（total cholesterol, TC）、「三酸甘油脂」（triglyceride, TG）、「高密度脂蛋白」（HDL）、「低密度脂蛋白」（LDL）。首三個值是直接驗出，LDL 則通常是由算式計算出來〔LDL= TC-HDL-TG/5（需要以 mg 重量單位來計算，以 mmol 的化學單位會計錯）〕。不少朋友都知膽固醇有「好」、「壞」之分，好的是 HDL，愈高愈好；壞的是 LDL，愈高愈壞。當驗血發現總膽固醇高時，通常都是因為 LDL 過高，HDL 過低，這是個壞消息。但也有朋友驗出總膽固醇高，但原來是 HDL 高，LDL 不高，那卻是個好消息啊！也有朋友 HDL 高、LDL 也高，那便要仔細些看清楚兩者上升的幅度。因此，驗血不要只看總膽固醇，必須再分析三酸甘油脂、HDL 和 LDL 的個別度數，才能更準確評估心血管病風險。

也有不少朋友是「三酸甘油脂」（triglyceride, TG）特別高，這可以是因為糖尿病、 酒精過量、甲狀腺素過低所致，在處理好根本的原因後自然會改善；但這也很可能是屬於遺傳性的病患，跟飲食習慣的因果關係不大。單純的 TG 過高對比起 LDL 過高對心血管的傷害稍輕，但可導致急性胰臟炎，同樣需要好好處理。

## 結語

「三高」是條加減數：每加多一項，每一項愈嚴重、愈早出現健康問題，加起來累積的總心血管病風險便愈高，那便要更努力、用上更多不同的方法去減低整體風險。當然，也必須肯定服藥對控制三高、減低風險、預防併發症的功效。在使用合適合量的藥物後，三高便可以受控；但當停止用藥後（病人最常問的問題：正常後可以停藥嗎？），三高的指數也自然會「打回原形」（血糖在一兩餐後、血壓在一兩日後、血脂在一兩個星期後）！大家要明白藥物同樣是守護健康的好伙伴啊！

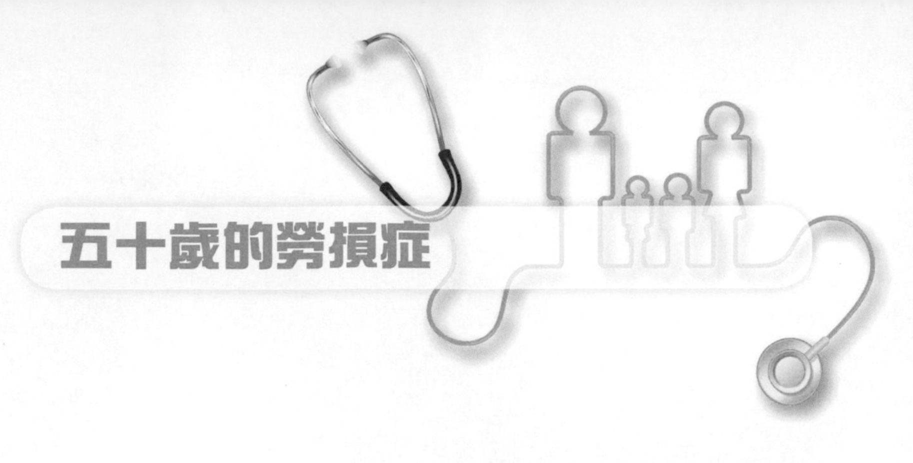

# 五十歲的勞損症

人到五十，人生進入新階段，在醫學上也自動被定義為「高危」群組。故此，五十歲可以獲得資助打滅活的流感針；也因屬於高危，五十歲不再適合噴鼻的減活疫苗。同時，五十歲屬患大腸癌高危，故應開始進行大便隱血檢查作大腸癌篩查；五十歲起心血管病風險持續上升；五十歲左右的女士們也要經歷收經的變化。身體機能方面，五十歲亦進入勞損的階段，各式各樣、不同部位的筋腱肌肉勞損症，也不約而同在五十歲左右出現。

## 五十歲的勞損症——「五十肩」

五十歲的勞損症，首推「五十肩」。（「五十肩」的近義詞很多，有肩周炎、冰凍肩等，現在討論是五十歲左右的常見勞損病症，故以「五十肩」來解說。）我們的膊頭是一個非常靈活的關節，主要是依靠四條「旋轉肌群」（rotator cuff muscles，或稱「肩袖」肌肉）：棘上肌、棘下肌、肩胛下肌和小圓肌來連接上臂，一方面容許靈活度，另一方面維持穩定性。當中最易出事，即因勞損受傷的，就是「棘上肌」（supraspinatus）：這肌肉從膊頭後面的肩胛骨的髆棘（後肩觸按到打橫斜起上的骨突）上部的棘上窩出發，經過肩峰（前肩最突出的部位）下面的「隧道」由後面走到前面，接到上臂肱骨上部外則的大結節處，是專門負責伸展手臂的最初動作。

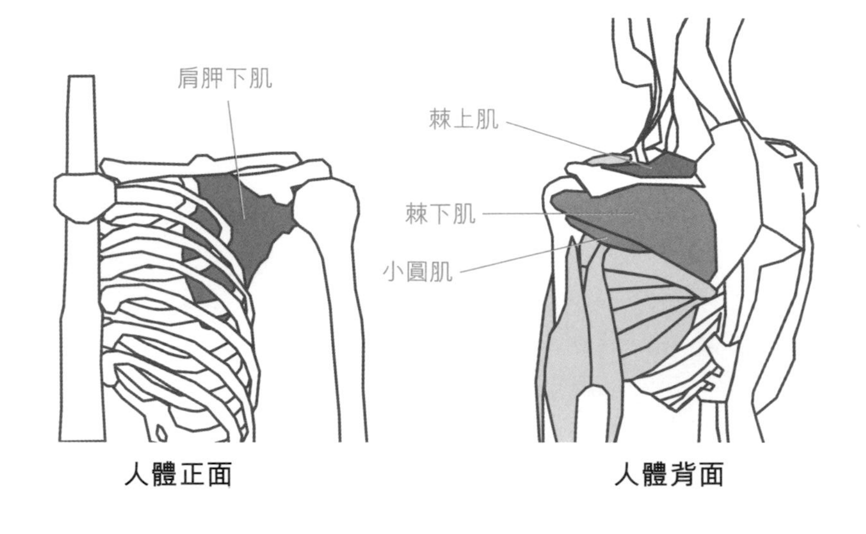


**人體正面**　　**人體背面**

棘上肌是條非常活躍的肌肉，大部分肩膊活動都有它的份兒。正因為它由後面走到前面，在肩峰下面不斷來回活動，不斷磨擦，日積月累下，肌肉筋腱便出現磨損炎症；若果肩峰下面的隧道是天生狹窄、有倒鉤，加上周圍的韌帶、滑囊等軟組織同時發炎，就會將脹腫的肌肉筋腱夾緊著（impingement），出現「五十肩」最常見的徵狀。

## 「五十肩」的徵狀

病人會訴説肩膊在開始活動到某一個程度時，就會出現劇痛，向前伸（伸手拉門）、向後轉（女士們扣胸圍）、向外展開（梳頭或像大鵬展翅）時都會引發劇痛。檢查時，沿著棘上肌、肩峰、大結節等位置會有疼痛，也會有典型的「疼痛弧」（painful arc）：手臂先下垂、掌心向前，向外展開時，首先的六十度沒痛楚；到了中間的六十度到一百二十度，就出現劇痛：那是因為發炎的棘上肌筋腱在肩峰下面被夾擦著，產生劇痛；在醫生的協助下繼續上推，一百二十度後痛楚則會消失。也有「倒空罐測試」（empty can test）：手臂下垂，以姆指向下的姿勢向前提高，在升到九十度前已經因劇痛而要停止；若將手臂一轉，姆指轉向天，就可以再提高多一些。這同樣都是因肌腱被夾擊所出現的病狀。

「五十肩」極常見，也就是因為五十歲左右長期重複動作所致的勞損。患上「五十肩」，病人方發現可以自由活動的難能可貴。病症的嚴重程度，主要是取決於膊頭活動範圍受制的程度，即膊頭功能受到多少影響。「五十肩」通常只在單邊出現，但痛完左邊以後又可以痛右邊。醫生診斷「五十肩」，主要是靠臨床上的發現，基本上都不需要 X 光、其他造影、驗血等額外檢驗。可幸的是「五十肩」屬可自行好轉的病患，在合適的伸展運動、物理治療、退炎止痛藥的治療下，絕大部分病人在六至十二個月期間會逐漸好轉。

也有人誤以為自己有「五十肩」，因而耽誤了治療。曾有病人騎單車意外跌倒，上肢與膊頭著地，雖然不甚痛楚，但手臂完全提不起來，病人以為自己五十歲左右，故推斷自己只是患上「五十肩」，相信可以自行好轉，因而沒有立即求醫。結果「吽來吽去」毫無改善，四個星期後才肯去求醫。醫生為病人檢查時，發現病人完全不能主動地向外展開手臂，但當醫生先為病人提起手臂三十度左右後，病人卻可以持續地提臂外展到最盡的一百八十度。這可不是「五十肩」，而是典型的「棘上肌完全撕裂」（complete tear of supraspinatus）。

## 別混淆棘上肌撕裂與「五十肩」

正常情況下，要將手臂向外展開，開始時是需要完全依靠棘上肌的收縮來作起動，展開約十五度後，「三角肌」（deltoid，膊頭外則的大塊肌肉）這強壯的肌肉隨即加入繼續外展動作。可是，當棘上肌受傷撕裂，外展起動便開始不了，膊頭的自主活動大大受影響。診斷棘上肌撕裂需要超聲波作初步檢驗，並要以磁力共振作確診和評估撕裂的嚴重程度。嚴重的棘上肌撕裂不會自行好轉，需要靠技術高明的骨科醫生經關節內窺鏡做手術來縫合撕裂了的肌腱。這通常都是因為嚴重的創傷所致，跟「五十肩」的病情完全不同，必須分辨清楚，分別處理。

也有很多病人以為自己是「五十肩」，檢查後才發現原來是患上頸部的問題。結構上頸跟肩雖然相近，但臨床處理上卻屬兩組分開的問題。頸椎退化、頸椎神經根受壓、頸部肌肉繃緊痛楚，也是極常見的病症，跟日常活動姿勢、生活緊張壓力大關係密切，同樣也要對症下藥。

## 五十歲勞損病症多，運動、工作要留神

五十歲左右的勞損病症，由上到下，可能出現的病患多到數不清：有頸椎退化、五十肩、網球肘／高爾夫球肘、腕管綜合症、彈弓指、「姆指的狄奎凡氏腱鞘炎」（de Quervain's tenosynovitis）、腰背勞損、坐骨神經痛、膝蓋關節（髕骨股骨關節）痛症、亞基理斯腱炎、腳底筋膜炎等。不同的勞損病症很大程度就是各種職業病，因為各種職業長期的姿勢不良、壓力疲勞所致。另外，在鼓勵大家勤做運動的同時，很多長期要做重複用力動作運動的朋友（如打網球、羽毛球、高爾夫球等），到了五十歲左右，也更容易出現相關的勞損病症，同樣要格外留意。

這些病症，絕對需要預防勝於治療。改善工作環境、保持良好工作姿勢、恆常的伸展運動（拉筋）、工作間更佳的人體力學設計，都是預防這些勞損病症所必須要做好的。

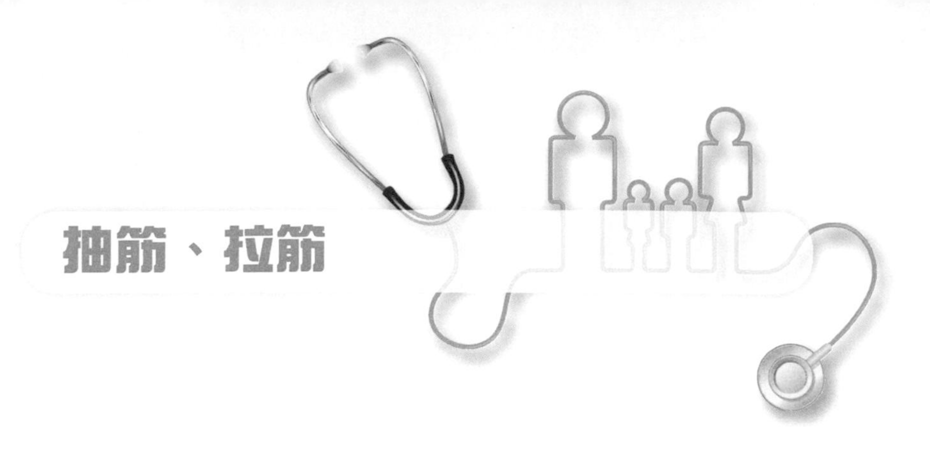

# 抽筋、拉筋

睇足球賽，球賽打和進入加時作賽時，很常見到這樣一個情景：球員跑著跑著時突然間倒在草地上，抓著腳肚部分痛苦地呻吟。這時附近的球員（通常是對方的）便會馬上走去救援，為他伸直下肢，將他的腳掌腳尖向上屈。倒地的球員是因為小腿肌肉突發抽筋，救援的球員則是為他拉筋，將收緊的肌肉重新拉鬆。

## 抽筋的常見原因

這裡觀察到的重點有：抽筋（肌肉痙攣）最常在小腿的肌肉發生（相信大部分人都經歷過）；抽筋通常會在肌肉疲累時發生（球員不會在剛剛落場就抽筋，但踢到加時小腿的肌肉實在是疲勞過度了！）；抽筋的常見原因有運動過度、脫水、電解質過度流失等。

我們的肌肉可算是身體上數一數二設計精奇的組織，基本單位是一條條修長、由蛋白質組成的「粗肌絲」和「細肌絲」肌肉纖維；粗絲細絲部分重疊，來回滑動時黏時放就是肌肉的收緊和放鬆；肌肉纖維一絲一絲組合成小束大束，成為不同種類的肌肉，包括「骨骼肌」（skeletal muscle）、「心臟肌」（cardiac muscle）、「平滑肌」（smooth muscle）。包圍著肌肉纖維的

「肌質網」內裡則存有高濃縮的鈣離子，肌質網將鈣離子泵出泵入，就是控制肌肉纖維收緊放鬆的基本生理機制。

## 抽筋的病理原因

抽筋的病理原因是該組肌肉鈣離子的失控，引致肌肉無故強烈持續地收縮痙攣；最常見於小腿腳肚內側，也常見於腳掌底、大腿前面和後面的肌肉。抽筋的痛，是非常劇烈的痛楚。這是因為肌肉收縮缺血所致，程度上應該跟生產時子宮劇烈收縮，或心臟病發時心肌缺血的痛楚相若。尤幸是抽筋會自行復原，在數秒到數分鐘後收縮的肌肉可以回復放鬆。

診症時很多老人家都會問醫生：「醫生，我晚上經常腳抽筋，好辛苦啊！有冇藥食？吃些鈣片或維他命有用嗎？」長者肯定是晚上腳抽筋的高危群組，原因有很多：長者的肌肉老化（肌肉隨年紀減縮，令餘下的肌肉更勞累）、下肢的血液循環差（動脈血管硬化尤其影響下肢血管）、服用長期藥物的影響（利尿劑、他汀類降膽固醇藥、精神科藥物等）、脫水（長者最怕「屙夜尿」，晚間通常會減少飲水，令到晚間特別脫水）、缺乏活動（長者普遍都缺乏或不懂得適合的伸展運動）。

## 抽筋跟缺乏鈣質有關嗎？

血鈣水平是控制肌肉穩定極其重要的因素。嚴重的「血鈣過低」（hypocalcaemia）的確會引致抽筋，而且是嚴重全身性的肌肉痙攣，包括典型的雙手「腕足痙攣」（carpopedal spasm，手腕與手指不自控地抽筋，就像變成縮著頸的天鵝頭）、面部肌肉收縮，甚至可致命的喉頭痙攣。嚴重的血鈣過低通常是因為「副甲狀腺過低」（hypoparathyroidism，副甲狀腺激素負責調控血液鈣質，過低會導致血鈣過低）或腎衰竭的併發症所致，必須醫治好原因，並補充鈣質和維他命 D 來預防抽筋等徵狀。

血鈣過低可以導致抽筋，但並不代表補充額外的鈣質可以有效預防抽筋。（臨床上必須防範「過度演繹」的謬誤：X 物質可以治療因缺乏 X 物質所致的 Y 病症，並不代表補充額外的 X 物質就可以有效預防或治療所有 Y 病症，因為有很多其他不同的原因都可以導致 Y 病症。很多保健產品所謂的「研究證據」很可能都是落入這謬誤之中。）研究亦沒有證明補充鈣質、鎂質、維他命等可以有效預防腳抽筋。但筆者必須承認在診症時經常為老人家開些鈣片，解說時會說其中一個藥效就是「可以預防夜晚腳抽筋」。事實上不少老邁長者在飲食裡的鈣質吸收不多，也缺乏日照和運動，相信補充些鈣質對老人家總會有些幫助，並不單單是「安慰劑」的作用。

## 預防腳抽筋的方法

要醫治好根本原因，最直接有效的方法就是「拉筋」（伸展運動）！鼓勵長者定時多做拉筋運動，保持小腿肌肉處於鬆馳的狀態：抽筋的部位通常是小腿後方的「小腿三頭肌」（triceps surae），包括在表層、橫跨上面膝關節至下面踝關節、有內側外側兩頭的「腓腸肌」（gastrocnemius，拉丁文同義為「腿肚子」），和深層的「比目魚肌」（soleus）。要有效拉鬆腓腸肌這長肌肉，要將膝頭伸直，腳掌腳尖盡力指向上屈（就是跟肌肉原本的活動功能相反），最好維持三十秒或以上，便可以很有效地拉鬆這肌肉，恆常地做可以預防晚上睡覺時抽筋。

若是其他部位抽筋，拉筋的方向也需要跟抽筋肌肉原來的活動方向相反，才能將收緊的肌肉重新拉鬆。這一點對有恆常運動的朋友來說，可算是基本的常識，但原來好些朋友和老人家卻對此一無所知，故此面對突如其來的抽筋突襲，也不能好好應付。教導長者或缺乏運動的朋友學懂正確的拉筋方法，對處理抽筋和很多筋腱肌肉的痛症，幫助極大。

開始拉筋時，拉扯著繃緊的肌肉韌帶會帶來痛楚，也有朋友因此忌諱而停止。這時候，記得加上可以令肌肉放鬆的「腹式呼吸」／「深呼吸鬆馳法」：呼出一口氣、同時將肚子縮進去；跟著深深的、緩緩的重新吸入一口氣，同時將肚子脹回來；同時將集中力專注呼吸的節奏，不要注意筋肌的痛感而持續拉筋。很快，痛感會漸漸減退，繃緊的肌肉也漸漸給拉鬆了。

有說「筋長一吋，壽長十年」，這說法有多強的臨床實證不敢說，但非常肯定拉筋運動是預防抽筋和身體很大部分筋肌關節痛症的最簡單直接有效方法。無論任何年紀，就算未有恆常運動的習慣，拉筋都是入門容易、成本不高、隨時隨地可以做到的治療。看完本文，坐言起行，馬上站起來拉拉筋啊！

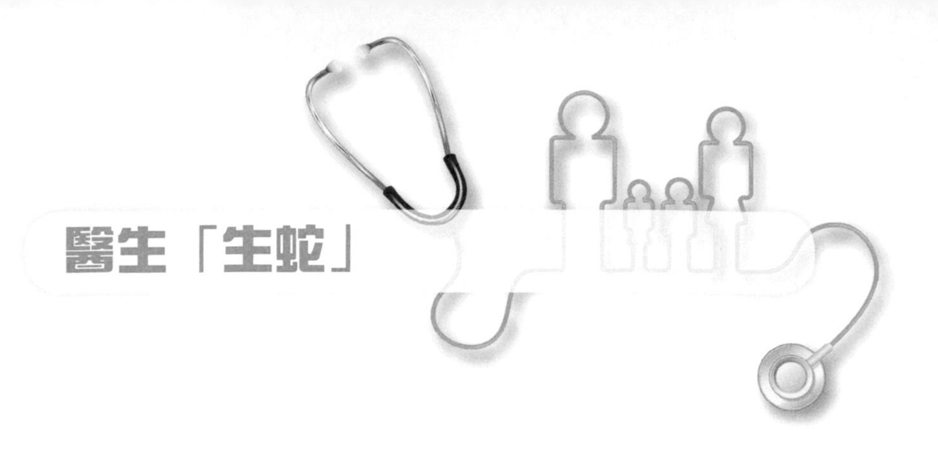

# 醫生「生蛇」

今日一早起來便覺疲倦乏力，身體酸痛，已知不妙，是「作病」徵狀。完成工作後，便趕快回家，想早點休息。我亦察覺到右邊身軀有點疼痛，洗澡過後，發現疼痛處有一小幅紅斑，老婆見到，就問道：「又痛又紅，會是『生蛇』嗎？」

真是旁觀者清！皮膚出現疼痛的紅疹，最重要就是考慮「生蛇」！「生蛇」，正名為「帶狀皰疹」（herpes zoster），是由「水痘帶狀皰疹病毒」（varicella zoster virus, VZV）所引致。顧名思義，初次感染（primary infection）這病毒會引起水痘，只要出過水痘，便會遺下以後「生蛇」的風險！

出過水痘後，身體很大可能不能完全清除病毒；病毒會潛藏在「感覺神經線」（sensory nerve）內，最常隱藏在脊椎神經兩邊的「神經結節」（sensory ganglion）處，沒有徵狀，卻伺機而發。

## 治療方法

當晚醫生焦慮不安，想著：「以往常跟『生蛇』病人説我沒有生過蛇，所以未能體會到你的痛苦；自此以後可以跟病人説『我真的明白有多痛苦』了！」早上起來後便找同事來看。問症及檢查後，確定是「生蛇」，同事便處方了抗病毒藥 acyclovir，囑咐要服完一個星期療程。

抗病毒藥如 acyclovir、 valacyclovir、 famciclovir 等，可以壓抑 VZV，減輕「生蛇」的嚴重程度，縮短發病時間。抗病毒藥須在病情出現的首七十二小時內，或在紅疹演化成水疱前服用，方能有效。藥物的副作用不多，效力亦有實證，故「生蛇」患者應該及早服用。

## 「生蛇」的徵狀

先說「紅疹」。身體皮膚分為左邊右邊，各自有左邊與右邊的「脊椎神經根」（spinal nerve root）負責傳遞皮膚的感覺訊息；每條脊椎神經根都有其特定管轄的皮膚部分，左右各一邊，稱為「皮節」（dermatome）。「生蛇」時，VZV 復發，會從某一個潛藏著的神經結節開始，沿著該條神經根，一直走到該「皮節」範圍裡的皮膚處，引發紅疹與水疱。

因此「生蛇」的紅疹，必定只會是在單邊、局限在同一個皮節的範圍內，最初是一處或數處互相接近的紅疹。假若紅疹遍布兩邊、分散各處，則可以肯定不是「生蛇」；另外同時間有多過一個皮節「生蛇」的機率極低，故坊間常流傳的「若果『生蛇』圍繞身體一整圈便會死！」肯定是無稽之談，但每逢「生蛇」時總會有人講起這話題。

「生蛇」的另一大病徵是「痛」：因為 VZV 沿著感覺神經線發難，最終到達並刺激皮膚的神經末稍（nerve endings），產生出典型的「神經痛」（neuralgia）：患者通常形容為閃電、針刺、火灼般的痛，一陣陣的發作，令人非常不安，做甚麼都要停下；痛的範圍也就是局限在病發的那一個皮節上，即使輕輕觸摸皮膚，甚至衣物接觸到，也引發出神經痛，臨床上稱為「觸摸痛」（allodynia）。痛楚的程度，通常也跟皮膚發病的嚴重程度成正比。

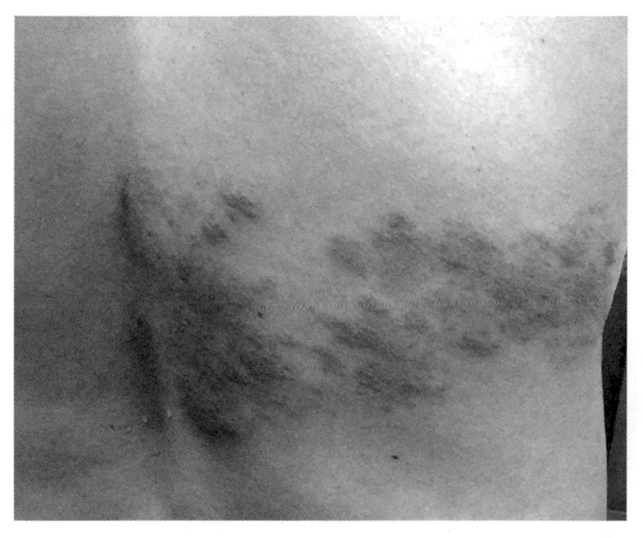

「生蛇」的紅疹，必定只會是在單邊、局限在同一個皮節的範圍內。圖為右邊背部的皮節。

## 「生蛇」有沒有特定位置？

身體所有的皮膚都可以「生蛇」，而某些位置「生蛇」就會特別麻煩。若蛇生在第五條腦神經「三叉神經」的第一條叉「眼神經」上，疼痛的水疱便會從單邊前額的頭皮擴展到上眼簾，再到鼻尖，甚至影響到眼睛（因為都是同一條神經線），嚴重的會引致角膜炎和角膜潰瘍。這是「眼生蛇」（herpes zoster ophthalmicus），屬眼科急症，必須盡快轉介眼科醫生處理。

若有上述特徵的紅疹和痛症，就要盡快看醫生確定是否「生蛇」，並及早服用抗病毒藥。「生蛇」的痛楚和病毒發作所致的不適，也會影響睡眠，實在需要多加休息以盡快復原；故此，即使工作忙碌，也還是要放下，跟醫生商量，取足夠病假好好休息吧！

## 為何會「生蛇」？

理論上是免疫力下降，壓抑不住潛伏著的 VZV。現實上最大的風險是「年紀」，因為年老體弱，年紀愈長，「生蛇」機會愈高。常常見到「生蛇」的長者非常痛苦，往往更因為延誤就醫而未能及時服用抗病毒藥，令到「生蛇」爆發得更嚴重，叫身邊家人極為心痛。患上了大病、免疫力缺乏、服用高劑量類固醇、癌症患者接受化療期間，甚至是寒冷的天氣，都是「生蛇」的風險；另外，原來精神上受壓也是「生蛇」的原因！醫生回想過去一個月真是瑣事繁忙，連續多晚每晚也只睡得五個鐘頭，也許就是因此「生蛇」。

「生蛇」最嚴重的併發症，是「皰疹後神經痛」（postherpetic neuralgia, PHN）：病毒破壞了該皮節範圍內的神經組織，以致皮膚的感覺神經失調，持續地產生異常的嚴重痛感。PHN 在「生蛇」超過三個月後，即使皮膚表面上已經復原後仍然持續，是極其痛苦的狀況。這痛楚可算是專門欺負老人家，愈大年紀「生蛇」，患上 PHN 的風險也愈高。治療主要是靠強力的止痛藥、專治神經痛的藥物（如 amitriptyline、gabapentin、pregabalin 等）來控制痛楚。但這些藥物的副作用都不少，在醫治老人家時必須小心調校使用。

## 「生蛇」會傳染嗎？

大家都關心「生蛇」是否會傳染。很多生蛇長者都害怕會將「蛇毒」傳染孫兒，然而「生蛇」是自身潛伏 VZV 的發作，並非從他人處傳染過來；而「生蛇」是 VZV 的局部發作，病毒不會游遍全身，也不會像「水痘」般經飛沫空氣傳染他人。但「生蛇」水疱內的體液含有病毒，直接接觸後可以傳播病毒，在「乾水」前都帶有傳染性，沒有出過水痘或未有注射過水痘疫苗也有機會被傳染；嬰兒、孕婦、免疫力低的人士也應避免接觸，不過基本的衛生處理已經可以避免傳染。

要預防「生蛇」，首先要預防水痘。現在適齡的小朋友都應接種了「水痘疫苗」，這屬減活疫苗，打足兩針後，出水痘和以後「生蛇」的風險會降得很低。而第一種「生蛇疫苗」（即是水痘疫苗的增強版，同屬減活疫苗），自二〇〇六年起面世，美國食品藥品監管局建議為五十歲起健康人士注射；只須打一針，預防率雖非百分百，但為保護長者免於「生蛇」之痛苦，也可積極考慮自費接種。第二種「生蛇疫苗」則於二〇一七年底獲准推出，屬病毒重組型疫苗，要打兩針，研究發現保護效力更佳。

## 痊癒後會復發嗎？

「生蛇」後復原，代表身體免疫系統跟 VZV 打了場仗，對抗這病毒的抗體水平也就提升了，重新壓抑著 VZV，故「生蛇」後通常不會很快就再發作。但隨著時間這些抗體的水平會逐漸下降，若果病人的免疫力再次下降，未能抑壓著 VZV，就有機會再「生蛇」。可以説，免疫力愈低，再「生蛇」的機會愈大。

説回醫生的結果：雖然及早服藥，但紅疹仍然發遍整個皮節，幸好沒有出現水疱，相信抗病毒藥亦有其壓抑病毒的效力；其間的痛楚幸好也只算是輕微。兩個多星期後紅疹最終消退，但仍餘下少許麻痺與痛感；回復日常跑步游泳運動後，痛楚也消失了。運動可令身體自製「安多酚」（endophrin）這止痛物質真的不假啊！

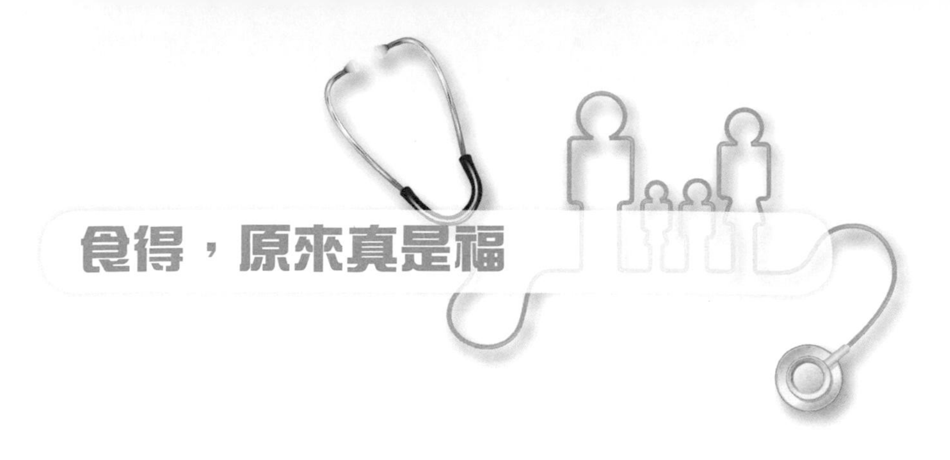

# 食得，原來真是福

大家一直都説「食得是福」、「民以食為天」，飲食肯定是我們生活中極其重要的部分。飲食是生存所必需，既可以滿足口腹之慾，又是社交關係的必然項目。可曾想過，若果有一天，這最基本的功能喪失了，我們的人生還有沒有意義？

## 長期臥床的婆婆

進來的是老病人陳雪婆婆，她真的很老了，已經九十六歲。瘦小的她坐在輪椅上，目光呆滯，口部微張，帶點口水在口角，喃喃自語，旁人也聽不出內容。因為長期臥床，雙腿已經攣縮，雙手活動亦很有限。

陳婆婆每隔數月便來看其老人病，醫生認識她已十多年。多年來陳婆婆都非常有禮，每次見到醫生，總是説出一連串的好話：「醫生，祝你步步高陞，百子千孫，添福添壽！」醫生多年來亦以此作為陳婆婆的記認。

醫生同樣記得的，是每次都陪伴她一起來的女兒。多年來女兒一家與陳婆婆同住，女兒就是婆婆的主要照顧者。及後陳婆婆在年多內跌倒兩次，左右兩邊的髖關節都先後跌斷了，雖然以手術接回，但最終婆婆都要坐輪椅。縱然女兒希望繼續在家照顧她也無能為力，最後只好萬般不願意地將母親送進附近的老人院，但仍然每天親力親為去照顧她。

## 轉介言語治療的需要

無奈的是婆婆的身體與智力不斷繼續衰退，腦退化日漸嚴重令婆婆逐漸失去各項功能：記憶、思考、時間、地點、人物的定位、語言的表達與理解，最近連最基本的進食能力也有問題。今天女兒在覆診時問醫生說：「醫生，媽媽近來進食愈來愈難，老人院提醒我問問你，是否需要轉介到言語治療師那裡作評估呢？」

言語治療師其中的一項專職，就是評估病人的吞嚥能力：包括對各種食物質地的適應程度，和因為哽咽所引致「吸入式肺炎」的風險。評估過程或需要做一些 X 光造影與光纖內窺鏡作支援。

「那現在陳雪吃得如何呢？」醫生問女兒。

「其實現在我仍然能給她餵一些『糊仔』，每日兩餐，分量也該足夠；她不肯嚥下混了凝固粉的水，故此藥物都要磨成粉放在糊仔裡。但她又懂得『選人』餵，只讓我和一位相熟的老人院職員餵，其他人餵她就『扭計』不肯食！」

「是嗎？若果那位職員休息又怎辦？」醫生好奇的問。

「說來又真是好彩，老人院有位這樣好的姨姨。她一直都很用心照顧我媽媽，而媽媽現在亦只肯讓她餵，其他職員她一概不賣賬！有時其他職員嘗試餵她不成，便說：『陳雪又不肯食！』結果那位相熟的阿姨一出手，兩三下子便餵完一大碗了！有時她會神氣地跟同事笑說：『不肯食？你看我何等快手！』」

「有如此細心用心的職員真好！」醫生和應著說。

「真是啊！我和那位阿姨小心地餵，媽媽也還吃得不錯。當阿姨放假，我便要一日兩回到老人院去餵她。」

「真是辛苦你了！」醫生語帶稱讚說。

「自己的媽媽又有甚麼辛苦不辛苦呢！不過她真是吃得愈來愈少，整天都是昏昏睡睡！老人院負責人最近跟我說，擔心她營養不良，叫我在覆診時，請醫生寫封轉介信到言語治療師，看看是否需要插胃喉來餵營養奶。」女兒說。

「那你又怎看呢？」醫生問道。

「我當然不想她插胃喉，很辛苦啊！我媽這麼『奄尖』，又怎肯給人插胃喉呢？到時她肯定會把胃喉扯出來，那便要縛住她雙手了！我見到院舍裡一些插著胃喉的院友，雙手給縛著，又沒有人理，真的很淒涼！我真的不想我媽媽變成這樣子……看她現在的情況，讓她自自然然就最好了。」女兒搖著頭說。

## 垂老病者的兩難局面

女兒現在面對的，是垂老病者臨床上的一個兩難局面：以胃喉餵食可以延長生命，卻必然地帶來不適，甚至是引致束縛的痛苦。若病者已失去認知能力，為這兩難局面作決定的責任便會落到家人身上。但家人如何得知病者的意願？又如何決定哪個才算是為病者「最好」的選擇？

為垂老失智、風燭殘年病者所作的每項臨床決定，道德上必須要有充分完整的考慮。因為病者不能自決，那醫護的決定必須是以病者整體的最大福祉為根本。怎樣才算是最好？是延續生命？是保持生活質素？還是維護病者生存的僅有尊嚴呢？要考慮的，還有垂老病者家人的感受與反應。這些都不是黑白分明的簡單決定。

在此也分享一下：到了老年，發現身體患病衰退，在認知力仍然健全時，我會在自己的「預設醫療指定」（advance directive）上，指明若果已經到了不能自決，而身體狀況只會再衰敗下去時，請不要為我插胃喉來餵食……那是我自己的決定，不要家人與醫護人員為我承擔作這個艱難決定的壓力。

能夠正常飲食真是件幸福的事。以後進食時，除了要珍惜食物，也要為可以自然進食而感恩。

# 插喉？拔喉？談預設醫療指示

新加坡建國總理李光耀逝世後，新加坡人民舉國哀悼，真心地懷念他為國家所作出的貢獻。無論國內國外對他的評價如何，他其中一項偉大功績，就是為新加坡建成一個多民族共融的社會。他的智慧、魄力與成就，叫我們香港人又羨又妒。

智者運籌帷幄，掌控局勢。李先生臨終前，仍掌握著自己最終時日的動向。據報李光耀生前在書中表明「早已準備一份預先醫療指示，寫明倘若他必須依靠插喉進食，不太可能復元或再次自行走動，醫生就要拔掉插喉，讓他盡速離世，不要做緊急處置」。（見《信報》二〇一五年三月二十四日。）

李先生未雨綢繆，立下「預設醫療指示」（advance directive），對自己、家人和醫護人員來説，都是功德無量。一代強者，總不想成為「一具能喘氣的屍體」來苟延殘喘；倘若沒有預設醫療指示，其兒子面對病床上失智垂危的父親時，作出每一項醫療決定都必定舉步為艱；醫護人員在治療危重、沒有復元機會的病者時，也有很多「做」與「不做」的兩難選擇，卻再無辦法諮詢病人的意願。

設立預設醫療指示在很多外地先進國家已經相當成熟，但本港卻仍在起步的階段；隨著大眾的關注，大家對它認識漸多，也有更多長者與家人認真討論，並向醫護人員提出查詢。

## 神智清晰下的自主決定，免卻臨終前的兩難

預設醫療指示是針對病人垂危、病情到了末期、昏迷或處於植物人狀態而不能自決，預先為自己當時的醫護需要所作出的決定。病人需要在神智清晰、不受其他外來影響的情況下自主決定，當中亦應該與醫護人員及家人一起充分討論。病者自主自願訂立預設醫療指示，最大的好處是可以明確地減少自己在臨終前接受不必要的治療，盡量維護自身尊嚴，更免卻了至親家人和醫護人員在自己臨終期間，面對一些兩難決定時的重擔和壓力。

預設醫療指示的內容，主要是預先指明在「臨終」並「失去自主能力」時，「拒絕」（refuse）某些治療，並「制止」（withhold）或「撤銷」（withdraw）一些只屬「維持生命」（life-sustaining）的治療。最常要考慮和討論的，包括好些「具入侵性的步驟」（invasive procedures），如插胃喉來餵營養，插氣喉來供氧氣，並在自然「斷氣」時施行「心肺復甦術」（cardiopulmonary resuscitation, CPR）；也包括拒絕使用一些急救時維持心肺功能的藥物和療法（如強心劑、起搏器、輸血製品等）。

上述的臨終治療，都是在醫院發生；但預設醫療指示的討論，卻應該在醫院外進行（例外的是末期癌症病人在「寧養醫院」的情形）。想像到病人垂危入院時，很可能已經神智不清，不能作出清晰無誤的決定；急症醫院的醫護，在疲於奔命工作之餘，也難有餘暇與病者家人詳細討論。況且醫護在病人危重時跟

病人的家人討論，恐怕也絕非合適時間，過程中若是溝通不足，更可能令家人誤會醫護敷衍塞責，沒有盡心盡力去救治病人。

## 預設醫療指示的重大前提

預設醫療指示的一個重大前提，就是要確保病人是在清楚理解下，自願與不被他人影響下作出「知情選擇」（informed decision）。這裡涉及很多法律上和倫理上的考慮，而過程中更需要符合一些條件，如病人訂立指示時的心智狀態、是否有足夠無誤的醫療資料作考慮。另一重點，就是至親家人是否知悉，而大家的意願又是否一致。若這方面不夠清晰，或家人與病人的觀點有異時，那到了病人垂危、實際執行指示時，便可能出現很多爭議，甚至帶來法律上的問題。（但理論上預設醫療指示是病者的獨立自決，家人的意願並不能影響指示的執行。）

## 推廣與實行的困難

推廣預設醫療指示有很多實質上的困難，我們這一輩的垂老長者教育程度普遍較低，要他們真正做到「知情選擇」恐怕有困難。而且，在討論過程中如何適當地與病者的至親家人有充分的溝通，但同時又要確保病者自決，也是相當困難。

另一大困難，就是在訂立指示時，必須有富經驗的醫護充分參與。但一方面急症醫院醫護人手非常緊張，另一方面社區的醫護又甚少能有機會或有空閒跟病人作充分討論，而且討論這個牽涉生死的敏感話題時，醫護、病人與家人也許仍有相當的忌諱。

醫療科技進步，要長命百二歲，或盡全力維持一條生命愈來愈不困難，但生命的意義和人生的尊嚴，卻又很可能在過程中受到無情的傷害。要令預設醫療指示為病人、家屬、醫護和社會帶來意義，首先還是需要大家對這議題有充分理解，配合額外的社區醫護資源來為此作好準備。家庭醫生與病人家人有長期互信的深厚關係，在這議題上可以多作貢獻。

李光耀的豐功偉績大家或學不到，但大家可以考慮同樣訂立預設醫療指示，令最後的日子更好走。

參考資料：

Guidance for HA Clinicians on Advance Directives in Adults (2016)

## 【三】

# 苦口不一定是良藥

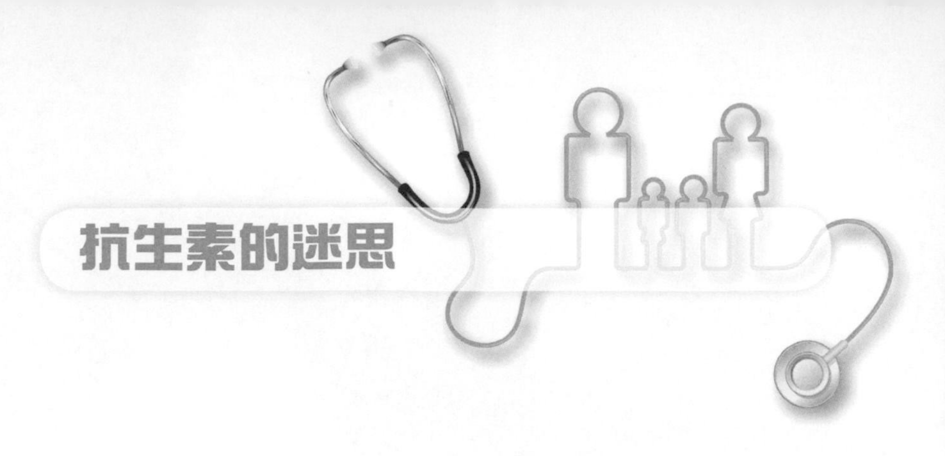

# 抗生素的迷思

近年大眾經常聽到這樣的資訊：濫用抗生素會導致愈來愈多抗藥性（耐藥性）細菌出現。而消費者委員會在二〇一六年十二月十五日亦發表了本地雞隻含菌情況的報告，當中測試了 100 款生雞，發現整體樣本有六成檢驗出含 ESBL（extended spectrum beta-lactamase，超廣譜乙內酰胺酶）抗藥性腸桿菌科細菌。

該報告馬上再次喚起大家對細菌抗藥性的關注。這些 ESBL 抗藥細菌同時也愈來愈常見於人類體內，所以如身體出現感染時，可能就需要更強力的抗生素來對付這些細菌。問題是，人類體內的 ESBL 抗藥細菌跟進食含 ESBL 抗藥細菌的雞隻到底有何關係？

有家禽業代表質疑報告的準確度，堅稱飼養雞隻時不會使用抗生素，並認為病人之所以感染上抗藥細菌，皆因醫生濫用抗生素所致！事實上醫生的確常被詬病在治療普通無併發症的上呼吸道感染時，頗隨便處方抗生素。流行病學的統計發現超過九成的上呼吸道感染是由病毒引致，服用對抗細菌生長的抗生素根本毫無幫助。可是，真實處理不同的病症時，常常不是黑白分明般清楚；處方抗生素與否，往往是個兩難的局面。

## 醫生處方抗生素的艱難決定

近日跟同事討論過一些難以作決定的病例：有年輕病人發高熱，喉嚨劇痛，醫生在仔細檢查喉嚨後，懷疑可能會是由「化膿性鏈球菌」（*Streptococcus pyogenes*）細菌感染所致的急性扁桃腺炎，需要考慮處方抗生素作治療。但在考慮「鑑別斷症」之時，實不容易分辨是細菌或病毒感染；若要進行化驗，如在喉嚨取拭抹作細菌與病毒測試，雖然可以幫助找出真正的致病原，但等待結果總需要時間，對即時決定應否處方抗生素沒大幫助。

最終醫生決定處方抗生素 Amoxicillin Clavulanate（屬「盤尼西林」／「青黴素」類的廣譜抗生素）。第二天病人開始退熱，軟顎上卻出現了多個小水疱與潰瘍，並在手掌與腳掌都出現了疼痛的紅點，臨床上確定為手足口病這由腸病毒引起的病症。醫生處方的抗生素就是「錯用」了，對病情無助，那麼病人還應該繼續完成抗生素的完整療程嗎？若果停服，又會否導致抗藥性的問題呢？

## 處方抗生素的準則

處方抗生素，醫生需要依據一些準則，盡力避免濫用。首先，要確信或確認感染是由細菌所致，例如尿道炎（膀胱炎）極大部分是由細菌所致；皮膚／傷口感染很大部分是細菌引起；下呼吸道感染（如肺炎）也是細菌性為主。而絕大部分的上呼吸道感染則由病毒引致，故此抗生素根本無用。

若果實際上可行，則應該考慮先作「種菌」檢驗（細菌培

養，bacterial culture），才決定是否開抗生素。例如在喉嚨取拭抹、留痰、留「中間小便」、在傷口取拭抹，都是社區診所常用可行的檢驗。若果病情較嚴重，就應在種菌後，馬上開始服用「依據經驗」（empirically）所開的抗生素，以盡快控制細菌感染；若病情穩定，就可以等候種菌報告回來後（通常需三至五日），才根據結果決定是否需要開抗生素。種菌報告通常都附有「藥物試驗」（drug sensitivity test）的結果，檢測被培養出的致病細菌，對常用抗生素的反應、抗藥性。根據這結果便可以更準確地決定和選擇抗生素。

## 細菌如何適應抗生素

診症時常發現大家對「細菌」、「抗生素」這些名稱不甚明白。細菌是單細胞生物，以「二分裂」（binary fission）的方法無性繁殖，在理想的環境下，約十分鐘就分裂繁殖一次：一變二、二變四、四變八、十六、三十二、六十四……以幾何級數成長，很快便成了天文數字。

抗生素是專門針對細菌繁殖，攻擊及對抗細菌生長的藥物。有些抗生素能「抑制細菌生長」（bacteriostatic），在細菌繁殖時干擾蛋白質的製造與基因物質的複製，中止細菌細胞的新陳代謝；有些則可以「殺滅細菌」（bactericidal），如大家最熟悉的「盤尼西林」類抗生素，就是破壞細菌的細胞壁來殺死細菌。

一個完整的抗生素療程，就是希望能夠將致病的細菌完全幹掉！理論上或理想地，該抗生素針對的細菌應該全部死掉，那麼抗藥性的問題就不會出現。但對細菌來説，當遇到抗生素這個殺手時，就像面臨危急存亡的大考驗。族群內絕大部分的細菌被殺掉，但因著「隨機變種」（random mutation），可能有一小部分細菌的基因在變種後，能夠適應抗生素的攻擊而生存下來。「物競天擇、適者生存」，生存下來的細菌便會繼續繁衍下去，將適應了抗生素的基因，「垂直地」世代相傳下去；有著「抗藥性」基因的細菌，也可以藉著「質體」（plasmid：帶有染色體分子的小段落）將抗藥性基因「水平地」跟其他細菌分享，令到同類們以後再遇上這抗生素也不害怕。

人類或禽畜服用抗生素愈多，存於體內各種不同的細菌產生抗藥性的可能愈大。這次生雞驗出可產生 ESBL 這「超廣譜乙內酰胺酶」的腸桿菌科細菌，最合理的推斷也就是雞隻被畜養時長期都接觸到「乙內酰胺」類抗生素（包括盤尼西林與頭孢菌素 cephalosporin），結果體內細菌演變到可以產生分解這些抗生素中有效成份的酶（即酵素），形成抗藥性。

那人類的大腸裡發現有抗藥性細菌，到底是因為食用了含抗藥性細菌的禽畜而寄居腸內，還是本身腸內的細菌因為重複經歷抗生素治療所進化而成則難以稽考，需要更多的科學研究來分辨。

## 「抗藥性」與「毒性」

要注意細菌的「抗藥性」與「毒性」（virulence）並沒有關係：細菌有抗藥性不等於毒性強；如人的大腸內可以存有具 ESBL 抗藥性的「大腸桿菌」（*Escherichia coli*）為「正常菌叢」（normal flora）而無任何毒性，不會致病。若這細菌闖進膀胱引致尿道炎、侵入血液循環引致敗血症，病情亦不會比其他沒有抗藥性的細菌更嚴重，但要用上更強力、沒被抗藥性影響的抗生素來消滅這細菌，治療上肯定是更困難的。

另外必須指出一個非常不理想的情況：就是巧立名目，如以「消炎藥」、「特效藥」這些名稱來代替「抗生素」這個正式名稱。每每醫生開的明明是抗生素，或者坊間藥房職員配給顧客的不知名藥丸根本就是抗生素，卻自欺欺人地用上「消炎藥」、「特效藥」這些名字，不但叫病人不明所以，更學習用上這些錯誤名稱來繼續溝通！

在考慮處方抗生素時，醫生跟病人必須充分溝通，説明開抗生素的原因；在病人期望醫生開抗生素而醫生認定無此需要時，更須立場清晰，解釋清楚，以專業盡責的態度説「不」。

# 阿士匹靈：冇病，食定唔食？

「阿士匹靈」（aspirin, acetylsalicylic acid）這個名字，大家總會聽過。這西藥在一八九九年由德國拜耳藥廠最先註冊為商標，是很有效的止痛、退熱和消炎藥物。及後藥物發展推陳出新，更有效的新藥物大大取代了阿士匹靈的位置，唯獨是其在保護動脈血管上的角色，至今仍然是無可替代。它有特別的「抗血小板」（anti-platelet）功能，防止血小板在已經損破的血管內壁凝結，故此可以預防動脈粥樣硬化和血管阻塞。高危的心腦血管病患者，服用低劑量的阿士匹靈（通常為 80 至 100 微克），可以有效預防冠心病、缺血性中風和血栓塞（thromboembolism）；這是匯聚眾多高質素的隨機對照臨床研究而得、有強力證據確認的事實。

一天診症時，有位陪伴年老中風母親來覆診的女兒對醫生説：「醫生，報紙話有最新證據説長期服用阿士匹靈會影響長者健康，那麼我媽媽還應該繼續服食嗎？」醫生立時大吃一驚，先認真叮囑女兒千萬不要停止母親的阿士匹靈，並提醒自己回家後要立即搜尋最新的醫療資訊來更新知識。

## 阿士匹靈對死亡率的影響的研究

報紙的資訊源自二〇一八年九月十六日《新英格蘭醫學期刊》的一篇研究報導，題目為〈阿士匹靈對健康長者整體死亡率的影響〉。這是關於一個稱為「ASPREE: Aspirin in Reducing Events in the Elderly」的大型隨機對照研究，在澳洲與美國招募了 19,114 位年紀七十歲或以上的長者，隨機分為服用 100 mg 阿士匹靈的治療組（9,525 位）與服用安慰劑的對照組（9,589 位），跟進平均 4.7 年後，觀察比較兩組長者的「死亡」個案。

看研究報告，先要細嚼標題的每一隻字。以上述報告來說，最重要的就是「健康」兩字——換言之參與這研究的是「健康」長者，即沒有患過心腦血管病、行得走得、能自己照顧自己、沒腦退化的長者。這跟我們在社區裡見到的長者特徵相符。因此，這研究報告的結果若果是高質素、可信靠，就可以適用於社區健康長者身上。

但極重要的一點是這研究並不適用於已經患有心腦血管病的長者身上。阿士匹靈對已患病、風險最高的長者，肯定有保護血管、預防再患病的作用。故此，上述已經中過風的老婆婆要繼續服藥、繼續得到阿士匹靈的保護。

## 阿士匹靈的利與弊

那麼這個研究到底有甚麼突破性的發現叫傳媒都廣泛報導呢？不少關注健康的朋友相信阿士匹靈對高危或已患心腦血管病病者的保護作用，同樣可以套用在自己身上，故此冇病冇痛都長期服用阿士匹靈，作「第一層預防」（primary prevention）。這群朋友普遍有個心態，就是阿士匹靈即使冇益，但也冇害，於是便安心服用。

不過，阿士匹靈對血管好，對腸胃可是不好。阿士匹靈可引致胃潰瘍、十二指腸潰瘍和大腸憩室炎（diverticulitis），會增加腸胃出血的機會；而整體出血的風險亦會增高。ASFREE 的結果亦同樣確認了這個發現：服用阿士匹靈一組的嚴重出血率為每年每千人 8.6 次，服用安慰劑一組則為每年每千人 6.2 次；服用阿士匹靈嚴重出血的風險比安慰劑明顯高出 38%。這是意料之中的結果。

意料之外的，就是「整體死亡率」（all-cause mortality）這個最客觀、最無訛的結果，服用阿士匹靈的風險比服用安慰劑明顯高出 14%（整體死亡率每年每千人：阿士匹靈組 12.7；安慰劑組 11.1）。而阿士匹靈組更高的死亡率，基本上全是歸咎於「癌症」死亡率的增加。研究發現，在這群健康長者身上，會因為服用阿士匹靈，增加因各種癌症的死亡率。更高的死亡率不局限於某種癌症，而是包括肺、大腸、胰臟、血、前列腺、卵巢、乳房等癌症都有增多；若綜合所有癌症，阿士匹靈組因「癌症」的死亡率，風險比對照組更明顯高出 31%。

以往有「薈萃分析」（meta-analysis：將多個相近的研究結果整合分析計算，臨床實證的級數屬最高）證實阿士匹靈可以預防因癌症的死亡，但上述研究的發現卻與以往的證據背道而馳：上述研究發現健康長者長期服用阿士匹靈會增加因癌症致命的風險，結論聽來真的相當嚇人。研究的學者估計可能因為以往類似的研究較少招募長者參與，故此沒有得到這個研究（只專注七十歲或以上長者）的結果；但研究的學者在結論中也對這個結論有所保留，表示「其他以阿士匹靈作第一層預防的研究並沒有發現類似結果，故建議必須小心審查這研究報告所得的死亡率」。

再次重申，已患有心腦血管病的病者必須繼續服用阿士匹靈。阿士匹靈在這群組中的保護效果確實，多年來也肯定沒有增加癌症的死亡率。上述研究的結果是完全不適用於他們身上。

但若果我是個健康長者，希望服用阿士匹靈來預防第一次的心腦血管病，那就絕對要三思了。以往的研究一直懷疑阿士匹靈在第一層預防上的效用，而上述研究更顯示阿士匹靈在這層面不止無效，甚至會有害。

那又該如何用常理去分析這結果呢？一直以來，藥物都是給有病的人服用；愈嚴重的病患，若能對症下藥，得出的療效便愈顯著（當然也無可避免要承受可能的副作用）；若本身為健康人士，單單為了「預防」而無端長期服藥，那麼，首先得出的成效並不會很明顯（一直都是低風險啊！），而服用藥物的副作用與潛在風險反而相對就突顯了出來，甚至會令健康者受害。

最後一提，阿士匹靈就是阿士匹靈，跟「薄血丸」（anti-coagulant）完全不同，千萬不要混淆，不肯定就必須要問清楚醫生。

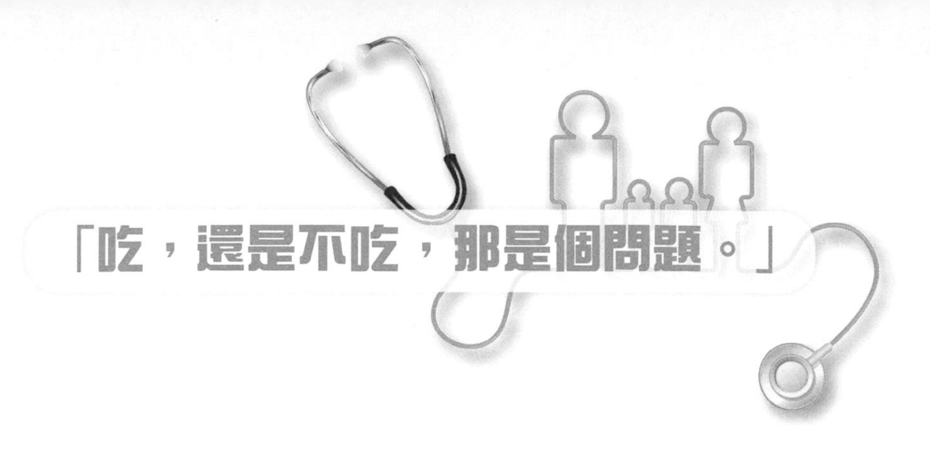


在電視節目聽到主持人介紹近來熱門非常的黑蒜：好處很多，可以降血壓、降血脂、降血糖、抗氧化、通血管，幾乎數得出的好處都有。黑蒜這麼好，那我日日吃、年年吃，豈非百病不侵，免受心腦血管病的威脅？

各種食療方法與健康產品都有其「生化機制」來説明其效果。但若果只講機制，就宣稱有醫療成效，證明預防心臟病、中風等重症的功效，那是過度推斷、胡亂提出因果關係。沒有獨立、嚴格的臨床研究證實，便不能妄稱其預防功效。

可是，如果真的有一顆「萬能丸」，既降血壓、降血脂、抗氧化、通血管，又經過嚴格的臨床研究確定其預防心腦血管病的成效，而且沒有大副作用，健康無恙的朋友也適宜長期服用，那麼這情況下，大家是否都應該找顆來吃呢？

## 市場上的「萬能丸」

原來市場上真的有這麼一顆「萬能丸」（polypill）！這顆藥丸有多個成份：有一種降膽固醇藥「他汀」Simvastatin 40 mg，有三種降血壓藥的組合，分別為 Amlodipine 2.5 mg、Losartan 25 mg、Hydrochlorothiazide 12.5 mg（三種以不同途徑降血壓的藥，各自為標準分量的一半）。四種成份合成為一粒藥丸，每日一次、每次一粒。這藥丸的四個成份各自都經過嚴格的臨床研究確認其藥效，有效降低心血管病的風險因素（即膽固醇與血壓），亦肯定能預防冠心病、中風等心腦血管疾病和所引致的死亡。

## 萬能丸的概念與成份

這萬能丸的概念與研究始於二〇〇三年英國。倫敦的流行病學教授 NJ Wald 與 MR Law 在二〇〇三年的《英國醫學期刊》（*BMJ*），發表了一篇題目很是吸睛的論文：〈一個降低心血管病超過 80% 的策略〉，討論理論上如以一顆「萬能丸」，一次過降低四個心血管病的患病風險，分別是「低密度脂蛋白」（LDL，即壞膽固醇）、「血壓」、「高半胱氨酸」（Homocysteine，胺基酸一種，血清水平太高會破壞血管內壁）和「血小板」（血小板凝結在血管內壁引發阻塞）。

論文中理論上的「萬能丸」除了以上「他汀」與三種低份量降血壓藥（與以上的組合有些不同），還有「葉酸」（folic acid，生理機制上可減低高半胱氨酸）和「阿士匹靈」（aspirin，最常用的抗血小板藥），總共有六個成份。Wald 與 Law 在論文中將多年來關於預防心血管病的「隨機對照研究」與「群組研究」作了「薈萃分析」（meta-analysis），以推算萬能丸在預防心腦血管病的功效。

## 「大膽」的建議

論文「計算」出來的功效非常「令人振奮」：這顆萬能丸可以降低冠心病風險達88%，降低中風80%！（注意：此數字乃「風險的相對下降」，relative risk reduction）。論文估計若人們在五十五歲開始每天服用一粒萬能丸，將會有三分一人有得益，平均可多享有十一年沒患上冠心病或中風的健康生命！

Wald與Law在論文中作出一個很「大膽」的建議：凡五十五歲或以上的健康人士，不需作任何檢驗，另外那些更年輕但已經患有心血管病的病人都應長期吃這顆萬能丸，以預防冠心病與中風。兩位作者認為這「萬能丸」的安全問題不大，長期服用亦不需特別去監察其效果與副作用；若能普及地為西方社會所有民眾服用，將會是預防心血管病的單一及最有效方法！

這論文一出，當期*BMJ*的編輯Richard Smith對上述建議極其讚賞，在「編輯之選」中稱之為「五十年間最重要的一期*BMJ*」，建議讀者保存這期*BMJ*，以作珍藏！

及後Wald教授與他的兒子心臟科醫生DS Wald，真的找了一所印度藥廠，製造了如上文的那顆四合一「萬能丸」（四個成份的「專利權」都已經屆滿，可自行製造；不加入葉酸，因為其降高半胱氨酸的成效未明；不加入阿士匹靈，因為有腸胃出血的副作用），並在二〇一二年發表了一個小型的「隨機雙盲對照試驗」，將86位五十歲或以上人士隨機分組吃「萬能丸」或「安慰劑」。結果不出所料，吃「萬能丸」的一組，在十二個星期後，其血壓的上壓平均降低了17.9mmHg，下壓降低了

9.8mmHg，LDL 降低了 1.4mmol/L，與研究前的計算推測很吻合。作者的結論，就是這萬能丸肯定有效降低心血管病的風險，若普羅大眾能長期吃，必定有強大的「第一層預防」效果！

## 吃，還是不吃？

還問？這萬能丸的強大效力，夠清楚了吧！既有理解基礎，又有臨床研究證實其效能，而且又簡單（每日一粒、不需檢驗、不用看醫生），又便宜（各成份皆為非專利藥）。「對你好，不要問，只要吃」，就是對萬能丸的最簡潔推薦。若果閣下超過五十五歲，會否對這藥丸趨之若鶩，選擇長期吃，既得到保護，又省卻了驗血與看醫生的麻煩？

但大家對這個近乎完美的建議會否感到有點不妥？問題是，雖然理論和研究上是可行及有益處，但假若真的放到實際環境，又或放在每個都不同的人身上，那又是否同樣適用？以「公共衛生」和「個人健康」不同的角度去看問題，作出的決定又會否有所不同？從醫療道德、實際施行的方向去看，又有沒有問題？

家庭醫學非常著重預防疾病，對這個「大膽」的預防方案又有何意見？下篇再談。

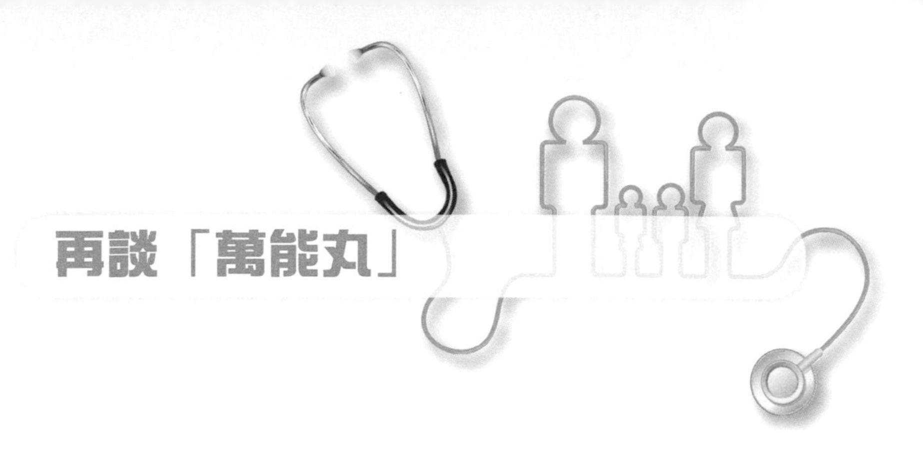

# 再談「萬能丸」

上篇敘述了「萬能丸」（polypill）的來龍去脈：一顆藥丸有足量的「他汀」（statin）降膽固醇藥，又有三種低份量、以不同途徑去降血壓的藥物；只要閣下年滿五十五歲，不需驗血、不需看醫生，只需回答一些簡單問題去排除一些禁忌，就可經過郵遞將萬能丸送來，每日一粒，吃到最後一天。

## 醫生父子的兩個理論

推廣萬能丸的 Wald 醫生父子在評論[1]指出，血壓下壓（diastolic pressure）每下降 10mmHg，或低密度脂蛋白（LDL，即壞膽固醇）每下降 1 mmol/L，就能預防冠心病 40%。血壓與壞膽固醇愈低，心血管病風險就會愈低，反之亦然，有很清楚的「因果關係」。因此推論，若所有健康人士都能有更低的血壓與壞膽固醇，那麼整個社會族群患上冠心病與中風的風險便會大大減少！

另外一個風險，也是跟心血管病有極為清晰的因果關係：年齡。年齡愈高，患心血管病的機會愈高。以英國的人口統計，25 歲跟 75 歲的患病風險相差為 130 倍。說出來這也是常識，老人

1 Wald NJ, Wald DS. The polypill Concept. *Heart* January 2010 Vol 96 No 1

家自是比年輕人多心血管病。

綜合以上兩個理論，Wald 建議所有年滿五十五歲者（自然被定義為高危人士）都應持續服用這萬能丸，不要驗、只要吃。*BMJ* 前編輯 Richard Smith 也在英國 NHS 的博客網頁發表了題為「若給每個五十五歲以上的人一粒藥丸去預防心臟病和中風會怎樣？」（“What if everyone over 55 was offered a pill to prevent heart attacks and strokes?”），令到萬能丸的討論又再次熱烈起來。

理由非常充分，那麼大家吃，還是不吃呢？要考慮的還有甚麼？

## 還要考慮的因素

### 一、藥物副作用

推廣萬能丸者聲稱其副作用甚少，但成份中的 statin，有很少部分人服用後有「肌肉酸痛」的副作用，臨床上亦有嚴重的情況。每種降血壓藥的成份雖是標準分量的一半，但現實上仍會有病人服用低分量後出現問題。而血壓降得太低，也會有頭暈、跌倒的危險；萬能丸沒有加上「阿士匹靈」這抗血小板成份，也是因為其「腸胃不適、出血」的副作用實在會傷害部分病者。在「第一層預防」的層面，為健康的人預防疾病，若不考慮治療的副作用，這也實在是太過草率。

## 二、公眾衛生對個人健康

以公眾衛生角度去看，公眾的血壓血脂愈低肯定愈好，但若將這看法加到每個都不同的個人身上，又是否都一概適用？真是「一粒丸適合所有人」（one-pill-fits-all）嗎？若我是「低險者」，那我為何還要吃這藥丸？我可以有權利去選擇嗎？

## 三、公正無誤的資訊

論文提到的所有「益處」，都是「風險的相對下降」（relative risk reduction），在表面極其有效的內裡，真實的益處又是否為大家充分理解？愈高危者，得益愈多；但愈低危者，得益只會是微乎其微。但若果我要硬銷這萬能丸，我會確保大眾在得到公正無誤的資訊後，才去作出選擇嗎？

## 四、否定「非藥物」的功效

推廣萬能丸者基本上否定了「非藥物」（主要指運動與改善飲食習慣）對預防心血管病的功效，但現實中不少朋友發現患有早期的「三高」後，就是為了不想吃藥，於是改變心態，積極運動節食減磅戒煙戒酒，最終各項指數都大有改善，身心也變得健康了。相反，若果我吃了萬能丸，那我會否自覺安全而更放肆飲食、更懶於運動，反而因此受害？

## 五、可以吃，變成必須吃

有評論將推廣萬能丸聯想到George Orwell名作《一九八四》裡的「老大哥」（big brother）：若果政府真的推行萬能丸，那所有人民是否都需要吃，甚至必須吃呢？若果某人拒絕吃這丸，他會否被醫療系統針對，甚至被歧視呢？「尊重個人自主」是極其重要的醫學道德考慮。在自由社會裡，即使「吸煙」這個對健康危害極深的行為，也必須充分尊重吸煙者的自由意志；那是否吃萬能丸這決定，更不能漠視個人的意願。

**六、顛倒醫療法則（inverse care law）**

愈需要醫療服務的病人，愈得不到足夠的照顧；愈不需要照顧的「非病人」，卻得到更多的服務。這條早在一九七一年由英國全科醫生 JT Hart 率先提出的法則，在現今醫療普遍成立。有理由相信，推廣萬能丸也會如其他「垂直」而下的醫療方案一樣，成為「顛倒醫療法則」的另一個好例子。（忽發奇想：買煙附送萬能丸可行嗎？）

**七、家庭醫學的理念**

推廣萬能丸，跟家庭醫學「著重預防」的理念吻合，但跟「每個人需要都不同」的理念卻是背道而馳。「不需看醫生，一粒藥丸解決所有問題」，也許可以吸引很多人，但一個稱職的家庭醫生，除了可以為病人在預防心血病上給予更準確貼身的建議外，對全人健康肯定還有更大更多的幫助。

要預防心血管病，血壓、膽固醇愈低愈好，這是事實；但吃藥不吃藥，卻是另外一個問題。每個人的患病風險不同，預防的方法自是不同；不同的人亦會有不同的選擇。若將預防心血管病簡單視為一粒藥丸可以解決的問題，而忽略了更重要因素：營養過度、工作過勞、貧富不均、醫療資源不平均、基層醫療不足等等「非藥物」問題，恐怕就不是對症下藥了。

「吃，還是不吃？」原來不是條簡單的問題。

# 質子泵抑制劑怎樣用才最好？

文女士今天回來家庭醫生處覆診，一進來就高興地說：「醫生，多謝你！你上次開給我醫胃酸倒流的『特效胃藥』真的很有效！我每天早上吃一粒，困擾了我很久的火燒心完全消失了！這三個月我一直服著這藥，每晚都睡得很好啊！」

醫生回答說：「可以對症下藥真好！也難得有這麼見效的抑制胃酸藥！」

文女士再說：「不過前兩日我嘗試不吃這藥看看怎樣，結果當晚睡覺時胃酸倒流就立刻發作；第二天早上再吃藥，那晚才沒有再發作。醫生，那麼我要長期吃這特效胃藥嗎？」

## 特效胃藥——質子泵抑制劑

文女士一直所說的特效胃藥，其實是指「質子泵抑制劑」（proton pump inhibitor, PPI）。這胃藥的名字很「科學」：胃酸是屬強酸的「鹽酸」（hydrochloric acid），而鹽酸裡的「氫離子」化學上就等同「質子」；這胃藥直接抑制「胃壁細胞」將質子泵進胃腔裡的通道，非常有效地減少至少95%胃酸的製造。而因為「胃酸倒流症」的最根本原因是胃酸實在過量，故此有效地抑制胃酸，便能大大地紓緩患者的病徵。

生理上我們每天一早起床後，胃壁細胞已經開工製造胃酸，以預備一整天的消化所需；故此若要最有效地抑制這些質子泵，這胃藥最好一早起床後就空肚服用。又因為這類藥物結合質子泵後抑制的效力時間甚長，故此只需早上服用一次，便已足夠紓緩通常在晚間睡覺時發作的火燒心問題。

常用的質子泵抑制劑有omeprazole、lansoprazole、dexlansoprazole、esomeprazole、pantoprazole、rabeprazole等。各個成員有新有舊，有些仍屬專利「正廠」出品，有些則是專利已過，有「非正廠」供應，而各個成員的藥效則是相若。

## PPI 的常見功用

PPI 減少胃酸的強大作用使它在治療因胃酸過多所致的各種病患都非常有效。它可治療消化不良、腸胃潰瘍及所致的出血、胃酸倒流、「巴洛氏食道症」（Barrett's esophagus，因長期胃酸倒流刺激下食道，導致食道黏膜由正常的鱗狀細胞變異成管狀細胞，會增加變成腺狀細胞食道癌的風險）、「佐埃二氏綜合症」（Zollinger-Ellison syndrome，很罕見的腸道腫瘤，會製造大量激素「胃泌素」來刺激胃壁細胞分泌大量胃酸）等病患。PPI 也是對付幽門螺旋菌「根絕治療」的必要成份：高劑量的 PPI，加上兩種高劑量的廣譜抗生素，組成「三聯治療」，殺絕胃裡的幽門螺旋菌。

PPI 常常亦會伴隨著一些可能會「傷胃」的藥物，如「阿士匹靈」（aspirin，抗血小板藥）、「非類固醇抗炎藥」（NSAID，消炎止痛藥）、「抗凝血劑」（anti-coagulant）等，一起處方給病人來保護腸胃，預防腸胃出血。若果高危病人需要長期服用上述藥物，通常也需要同時長期服用 PPI。

第一種 PPI（omeprazole，正廠名為 Losec）在一九八八年推出。這新一代頂級降胃酸藥物，比起上一代「H2 受體阻抗劑」（H2 blocker，如 cimetidine、ranitidine、famotidine 等；可視為中級的降胃酸藥）的成效強很多，治療好很多頑強的胃病。而 PPI 的出現，也很巧妙地跟胃酸倒流的大流行同步發生。胃酸倒流近三十多年來在歐美非常普遍，近二十多年也在亞洲地區快速增長，火燒心與其他病徵困擾著很多病人。幸好有了 PPI 這特強抑制胃酸藥的出現能有效地控制胃酸，治療受胃酸倒流之苦的病人。

## PPI 的副作用

但所謂「成也蕭何，敗也蕭何」，PPI 的藥效在於其強力的抑制胃酸效力，其長期服用的副作用也正因為此。因為胃酸可以幫助多種礦物質和維他命的吸收，長期服用 PPI 可以影響鈣質、鎂質、維他命 B12 等吸收，有可能因此稍微增加因骨質疏鬆導致骨折的風險；也因為長期減少腸胃的酸性，或會改變腸道裡「正常菌叢」（normal flora）的組合，這或令到「難治梭狀芽胞桿菌」（*Clostridium difficile*）這本來在大腸不易生長，卻有很強抗藥性的細菌可以趁著缺乏競爭對手下乘機增生，產生毒素，做成極嚴重的大腸感染。

話說回來，實際臨床上服用 PPI 的病人大部分都不會出現明顯副作用。但這藥物始終有上述的風險，故此必須小心平衡長期服用 PPI 的好處與壞處。若果病人的腸胃潰瘍出血風險很高，或照胃鏡時發現有因胃酸倒流引致嚴重的食道炎、食道收窄、巴雷斯特食道症，或必須長期服用上述「傷胃」的藥物，那長期服用 PPI 很可能是必需的；但若果長期服用 PPI 是為了紓緩消化不良、胃酸倒流、消化功能失調等的病徵，那在病徵得到控制後，就應該嘗試逐漸減少用量，如改為隔日服用、病徵重現時短期服用，或轉用藥效較輕的 H2 受體阻抗劑來取代 PPI（長期服用 H2 受體阻抗劑則是很安全的）。

醫生跟文女士説：「這藥降胃酸的效力真的很強，故此可以醫治好你的胃酸倒流；但日常也要避免進食難消化的食物，食物也要盡量煮熟，因為胃酸幫助消化、殺菌，所以服藥後這些功能都會受到影響。我建議你現在繼續每早服藥，之後覆診再按情況計劃逐漸為你調低用量。」

質子泵抑制劑，效力強作用大，但也要考慮可能的副作用，醫生病人應一起討論如何善用方是最好。

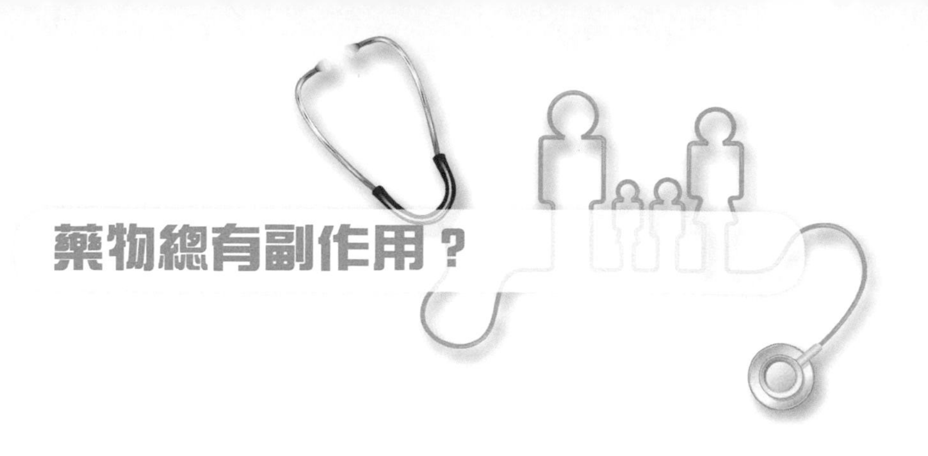

# 藥物總有副作用？

六十歲的秀玲個子細小，身形瘦削，早前在巴士從上層落樓梯，去到最後兩級時跣倒，一個屁股坐在地上，因劇痛到急症室照 X 光，發現是薦骨最下端的尾骨骨折彎了。急症室醫生説這骨折不需要特別的治療，給了秀玲止痛藥，轉介了她見骨科醫生跟進。

骨科醫生為秀玲安排了「DEXA 掃描」，檢驗「骨質疏鬆」的嚴重程度。DEXA 結果發現秀玲「腰椎骨」的 T-score 為 -2.8，Z-score 為 -1.8；「股骨」的 T-score 為 -2.7，Z-score 為 -1.6（T-score 是跟同性別、年青時最佳的骨質密度的比較；Z-score 則是跟同性別、同年齡人士的比較；每個單位為距離平均值的標準差，負值愈大，骨質疏鬆愈嚴重）。結果顯示秀玲的骨質疏鬆屬非常嚴重。骨科醫生處方了 alendronate sodium 70mg 這藥物給她，著她每週服一次，早上空肚服用一粒，用來減慢骨質疏鬆，預防骨折。

秀玲今天拿著這藥，找熟悉的家庭醫生查問：「醫生，我打開藥盒找出內裡的單張，看到這隻藥有很多副作用啊！……它會引致肚痛、消化不良、胃酸倒流、作嘔、腹脹、胃炎；也會有肌肉酸痛、抽筋。……還有它會導致顎骨壞死和非典型股骨骨折！它有這麼多副作用，我還是不要服用這藥了。」

大家常說：「藥物總有副作用……」藥物的副作用清清楚楚地印刷在說明書裡，肯定沒有假了吧！秀玲的想法又正確嗎？

## 考慮副作用的比率

先細看服用 alendronate sodium 70mg 每週一次，副作用的真實數字：在 519 位停經後女士當中（符合秀玲的情況），用藥一年間，3.7% 會有肚痛，2.7% 消化不良，1.9% 胃酸倒流，1.9% 作嘔，1.0% 腹脹，0.2% 胃炎，2.9% 肌肉酸痛；顎骨壞死則是藥物在推出市場後，觀察到的一些特殊個案，但與服用藥物的因果關係則未能確定；非典型股骨骨折，也是很少見的情況，在無論是否有服藥的停經後的婦女都會出現，也是不能肯定跟用藥的因果關係。

看清楚後，便發現各項副作用的比率根本不高（當然是高是低也是見人見智）。為了充分保障病人的知情權，藥廠必須將已知副作用全數列明；而某些極少見但嚴重的相關情況，即使沒有確實的因果關係，也會在「警惕事項」（precaution）中報告出來。

## 作用與副作用的衡量

說了那麼多副作用，總也不要忘記藥物是有其「作用」吧！最重要、更先前的問題，就是到底為何要用這藥物？Alendronate sodium 這藥抑制「破骨細胞」（osteoclast），減少「骨吸收」（bone resorption），保存骨質，預防骨質疏鬆，證實可以防止骨折。秀玲的骨質疏鬆很嚴重，因跌倒而骨折的風險極高，服用這藥有很明顯的益處。醫生在平衡利弊後，建議秀玲服用這藥的決定很是正確。

每位病人受副作用影響的可能性都不同，一定需要作個別考慮。例如另一位女士的消化功能很差，患有嚴重的胃酸倒流，那醫生就要加重對這藥物副作用的顧慮。當然在建議病人服藥後，也要為病人提供實際的建議以預防副作用。例如服用 alendronate sodium 時，需要早上起床後空肚、喝一大杯清水才服用，並最少在半小時內保持站立，不要躺下，希望盡快將藥物吸收到腸道裡，減少胃酸倒流與其他腸胃副作用。

## 客觀解說以保障病人最大利益

藥物的副作用必須恰如其分地與病人溝通，若過分誇大藥物的副作用，叫病人得不到理想與合適的治療，那並不是好事。例如「他汀」（statin）這降膽固藥，降低壞膽固醇的作用很明顯，副作用不多，大部分病人都「受得」這藥。這藥常見的副作用有「影響肝功能」和「肌肉痛」，但比率並不高；有不少病人得知這類藥物會「有副作用」就覺得這藥「副作用很多」。若果有高風險病人，因為過度擔憂副作用而抗拒服用，卻忘記了藥物的作用和益處，那便是把重點放錯了。

醫生要確認病人需要服用某種藥物，即使該藥物的副作用不大，也必須盡責向病人講解其副作用。不過就如藥物附帶的單張中所列出的副作用極多，依書直說豈非只會嚇倒病人？醫生可以預告常見的副作用，並將罕見、但極其嚴重的副作用解說給病人知曉，最後提醒病人應該如何應付。例如常用的「抗甲狀腺藥」carbimazole、propylothiouracil 等，常見的副作用為皮膚過敏痕癢、出疹；罕見但極其嚴重的副作用，則是「壓抑骨髓」，特別是令骨髓不能製造白血球裡的「中性粒細胞」，令到病人對細菌感染的抵抗力大跌。醫生須事先告訴病人，若服藥後出現細菌感染的跡象，如發高燒、喉嚨痛，便要立即停藥，並到急症室求診以作即時檢查。這副作用雖然很少見，但足以致命，醫生有責任要病人在服藥前清晰理解。

## 「精準醫學」

「精準醫學」（precision medicine）的概念就是以個別病人的基因、分子或細胞特質作分析，以作出精準的診斷性測試，為每個病人作出獨特的醫療決定。利用這些方法可以更準確分辨藥物在每個病人身上可能出現的副作用。例如 allopurinol 這降低血液「尿酸」的藥物，在預防和治療因高尿酸引發嚴重「痛風症」非常有效。但這藥物可以有皮膚過敏的副作用，包括影響全身皮膚的嚴重情況「史蒂芬強生症候群」（Steven-Johnson syndrome）和「毒性表皮溶解症」（toxic epidermal necrolysis）。若果為病人抽血作一個 HLA B*5801「基因指標」（genetic marker）的檢查，就可以篩選出會「中招」的高危人士（HLA B*5801 基因陽性的病人，服此藥會有 40 至 580 倍的風險會出現副作用），也因此可以更準確向病人建議用藥治療。

用藥時，不講副作用不對，只講副作用也是不對。選擇用藥與否？怎樣用藥？答案也唯有靠醫患之間的真誠溝通。

# 第二章

# 行醫有術

## ——做個有溫度的醫者

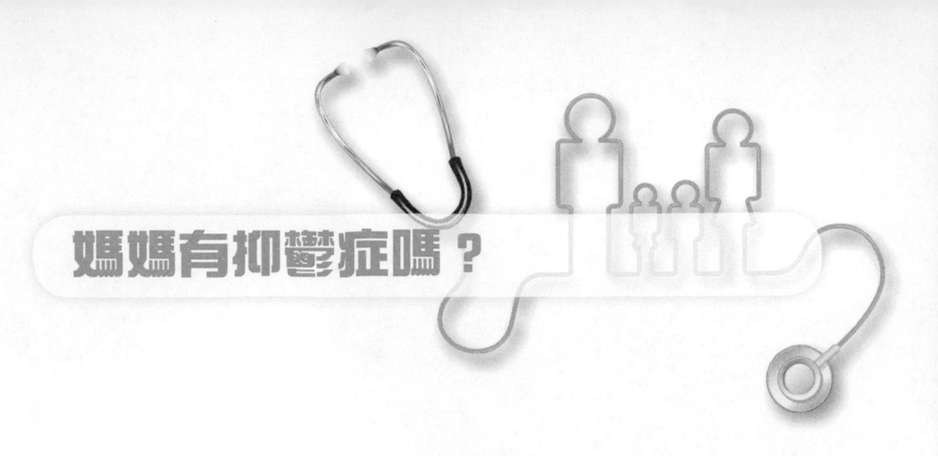

# 媽媽有抑鬱症嗎？

多年來每次林伯伯與婆婆到醫生處覆診，總是一起步進診症室。但今天只見到林婆婆一人，身旁換上一位中年女士，醫生便心知不妙。見到林婆婆神色呆滯，醫生便柔聲地主動問她：「林先生呢？怎麼今天見不到他跟你一起？」

身旁的女士回答道：「我爸爸一個多月前過身了。」這答案，也是醫生的心中之數。「他在過年前患上流感，很快便引起肺炎，進了醫院隔離病房後，再也出不來了。」女兒盡量平靜地說，同時瞄了林婆婆一眼，察看她的反應。

想到兩位老人家一起來覆診的情景不再，醫生也感到黯然。醫生問候林婆婆的近況，婆婆只是點點頭、反應緩慢，問題都是由身旁的女兒代答。丈夫過身後，這個多月婆婆都是鬱鬱寡言，呆呆滯滯，吃不多、睡不好，有時還靜靜飲泣；以往經常跟林伯伯一起去的晨運、飲早茶也沒有再去，也沒有如以往般幫手照顧孫兒。日前林伯伯的後事辦妥後，她才稍為放鬆了點。

醫生叮囑婆婆要好好保重，林婆婆點點頭，終於帶點苦笑回答說：「醫生，你有心了，多謝你多年來照顧我先生！」醫生安排婆婆一個半月後覆診，並在病歷上記錄清楚，下次見面時再評估婆婆的情緒與喪親的反應。

剛送了媽媽出診症室，女兒轉頭便回來，問道：「醫生，我很擔心媽媽，你看她有抑鬱症嗎？」在她提問前，醫生已經嘗試為這問題找資料。醫生再詢問女兒：「婆婆有自殺的念頭嗎？有明顯的幻覺、幻聽嗎？」女兒説都沒有察覺到。

## 兩套指引的差異

婆婆的病徵有：情緒抑鬱、失去興趣、食量減少、失眠、減少活動、疲倦、集中力差；時間超過兩個星期，而病徵的嚴重程度亦已經影響到其日常生活。若以臨床上最常用的指引《精神疾病診斷與統計手冊》第四版（*Diagnostic and Statistical Manual of Mental Disorders IV*，簡稱 *DSM-IV*）來評估，這已符合「重度抑鬱症」（major depressive disorder）的條件。

且慢，婆婆的情況，个是每個人痛失至親，傷心至極的哀傷反應嗎？不是所有正常人都會有、都應有、都需要的情緒和經歷嗎？*DSM-IV* 亦有考慮到這特殊情況，把「喪親之痛」（bereavement）列作特別考慮，將因喪親所引致的抑鬱徵狀視為正常人所會經歷的正常反應，排除將此診斷為「抑鬱發作」的狀況。除非因喪親所引起的抑鬱病徵過強、過度（例如完全不吃不睡、完全不活動、極強烈的自責）、過久（最少超過兩個月，但因不同文化而異）、有精神失常的跡象（嚴重的幻覺、幻聽、妄想、強烈否定事實），或有強烈的自殺念頭，否則不應將之視為病態或抑鬱症。

醫生回答女兒説：「伯伯剛過身，對婆婆的打擊實在很大，現在她有抑鬱的徵狀也是人之常情。我觀察她的精神狀況，沒有出現明顯的病態，不屬於抑鬱症。我建議家人在這時期看她緊些，也多點關心她，觀察她的變化，到下次覆診時再評估。」

*DSM-IV* 是一九九四年由美國精神科學會所編撰。到了二〇一三年，學會編制了更新版，即 *DSM-5*。若果以 *DSM-5* 診斷抑鬱症的指引來評估林婆婆的狀況，又會否有所不同？

*DSM-5* 診斷抑鬱症的條件，跟上一版大致相同，都是以病者的抑鬱病徵來評估，但跟 *DSM-IV* 有一項很重要的差別：*DSM-5* 取消了因「喪親之痛」作為「排除條件」（exclusion criteria）的考慮。即是説，若果以 *DSM-5* 來評估喪親者的哀傷抑鬱反應，便完全符合「抑鬱症」的條件，不能排除豁免！

用 *DSM-IV* 來看，林婆婆經歷的是正常喪親之痛，不屬抑鬱症；但以 *DSM-5* 來看，卻完全是抑鬱症無疑。若果婆婆是患上抑鬱症，那醫生是否應更認真、更積極去治療她，例如為她處方「抗抑鬱」的藥物呢？

## 醫藥化喪親的哀傷

問題是，到底是否有強而有力的臨床研究證據，證實以藥物主動治療每位喪親者都很可能會患上的「抑鬱症」是有用有效？以藥物去「醫藥化」正常的哀傷，將之變成抑鬱症，那喪親者還能「正常」地去經歷這必要之痛，去沉澱、轉化多年的感情，以達到人生的另一個階段嗎？這情況下用藥物治療，喪親者到底會經歷些甚麼呢？

不敢想像每位喪親者都要服抗抑鬱藥的後果！對絕大部分喪

親者而言，時間、親人朋友的關懷支持、保重自己、重新振作以作為對逝者的尊敬，是否還是從古到今最有效的治療方法呢？

在《救救正常人》（*Saving Normal*）一書，作者艾倫·法蘭西斯教授便對 *DSM-5* 所引發的問題大表憂慮和憤慨。他是位資深美國精神科醫生，是 *DSM-IV* 的主要編輯，卻沒有參與新版 *DSM-5* 的編訂。在 *DSM-5* 推出後，他驚見當中有極多「過度診斷」的問題，最終決定挺身而出，作為「知情者去對抗失控的精神醫學診斷、大藥廠，和『被醫藥化』的正常生活」（書本的英文副題）。書中當然亦有討論到「哀悼被誤當成憂鬱」所產生的大問題。

行醫有兩大缺失：一、沒有醫治好有真正需要的病人；二、將無病的正常人變成病人。也許後者更值得現今醫者引以為大戒。

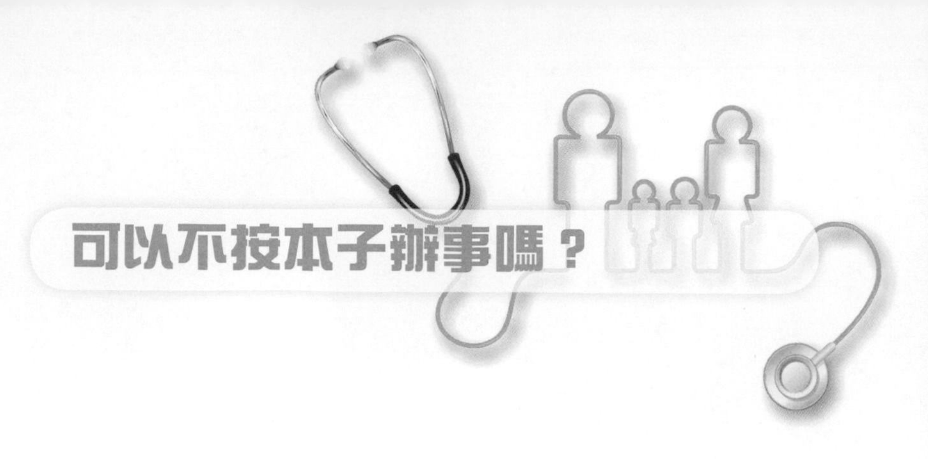

# 可以不按本子辦事嗎？

張伯是位新病人，由女兒推著輪椅進來診症室。他布滿皺紋的臉上掛著善良的笑容，卻是一語不發，需要由女兒為他代言。女兒告訴醫生，父親剛入住附近的私營院舍，所以轉到區內的家庭醫生診所來跟進其高血壓等老人病。

女兒繼續述說張伯的病歷。近幾年他的記憶力、思考力和自理能力都日漸退化，後來連活動能力都變差，出外需要用輪椅代步。女兒認為父親應該是患上「腦退化症」（dementia，認知障礙症），實際上也得和其他的弟妹加緊商量，該如何照顧已經鰥居多年的父親。後來大家決定將父親送往私營老人院，地點選擇了就近女兒家的院舍，以方便照應。張伯的性情一向隨和，適應院舍的新環境也沒大問題，這也叫女兒鬆一口氣。

看看電腦記錄，得知張伯已經八十有七，想來患有腦退化症一點也不奇怪。女兒告訴醫生，父親實際已經有九十歲，因為當年從大陸來港時為了方便找工作所以「報細」三歲。

再查看張伯的電腦病歷，發覺除了常用的老人病藥物外，還有正在服用「多西環素」（doxycycline，屬四環素類的廣譜抗生素），劑量還不算小。醫生便問女兒張伯為何需要服用此藥。

女兒聽見醫生一問，不禁倒抽一口氣，也將父親近期的情況道出。話說年多前懷疑父親患有腦退化症時，當時的主治醫生轉介了伯伯到老人專科作跟進。老人科的醫生確定了他腦退化症的診斷，估計病因是「阿爾茨海默氏症」（Alzheimer's disease，最常見的腦退化症類別）；也因為患有高血壓多年，所以也有「血管性腦退化」（vascular dementia）的成份[1]。醫生認為藥物治療對伯伯的幫助不大，但為了預防萬一也抽了一些血去檢驗。

---

1 現今本港已將腦退化症正名為認知障礙症：這正名更準確地描述了這病症的徵狀，大眾對此亦愈加明瞭和接受。腦退化症這舊名較不準確，因為認知障礙症並非只是由腦部退化所致，也可以是由血管病變、梅毒上腦、病毒感染、腦積水、重複腦創傷等其他退化以外的病理所致。而且腦部退化也不單只會引起認知障礙症，其他病症如柏金遜症也是因為腦部黑質部分退化所致，不過柏金遜症只影響運動功能，不會影響認知功能。本文則跟從筆者的老習慣，繼續用上「腦退化症」這老名字。

腦退化症最常見的診斷為阿爾茨海默氏症，這是腦神經多方面多部位全面地退化、萎縮的疾病，約佔腦退化症的六至七成。血管性腦退化則是由於腦部大小動脈血管硬化，微絲血管收窄，腦部組織缺血所致，約佔兩成半左右。也有很大部分是以上兩者同步發生，是為「混合型腦退化症」（mixed dementia）。長者往往病患眾多，很多時都是由多種不同的病症引致腦退化。

由各種病症引致的腦退化症徵狀上相似，評估時可以嘗試從病情變化來分辨各種病症。病情變化的標準描述如下：阿爾茨海默氏症患者是緩緩地退化，病情是像落斜坡般一小步一小步地漸漸衰退；血管性腦退化患者則像重複地腦中風，病情突然間出現明顯的惡化，就像是一大級一大級跌落梯級般；混合型就是兩者混合，較難分析。

臨床上會盡力為腦退化症患者找出更準確的斷症，希望可以找出某些可逆轉的病症，如「梅毒上腦」（neurosyphilis：腦退化症的主要病因中佔極少數，大部分都是在驗血時偶然發現的梅毒免疫反應，並非真正的梅毒上腦）、甲狀腺素過低、維他命 B12 缺乏等，嘗試治療為患者改善病情。治療血管性腦退化則要盡力為患者改善各項心血管病風險，避免病情惡化。

## 驗出「梅毒」！

化驗出來卻有意料之外的發現。醫生告訴女兒，伯伯可能患有「梅毒」（syphilis）！為腦退化症病者查驗可能的病因時，其中一項抽血項目便是 VDRL（venereal disease research laboratory test），是為了找出因慢性梅毒感染，影響中央神經系統而引起腦退化的一種血清測試。而伯伯的檢驗結果竟然是「陽性」！依慣常做法便是轉介伯伯到「社會衛生科」診所（即治療性病的專科）再作治療。

於是伯伯到了「社會衛生科」診所，醫生再為伯伯抽了好些血液去化驗，而進一步的梅毒確診化驗結果也是「陽性」。醫生告訴女兒，首選的治療方法是連續肌肉注射盤尼西林。但女兒告訴醫生若要連續回來注射藥物，她根本應付不了。最終醫生決定選擇次選治療，為伯伯處方「多西環素」這口服抗生素來治療梅毒。女兒在臨走時也有問醫生，到底爸爸真是梅毒引致腦退化嗎？到底這治療對父親愈來愈嚴重的腦退化有幫助嗎？醫生說：「他的腦退化跟梅毒的關係不大；治療對他的腦退化也應該沒有特別幫助。」

## 照顧者的壓力

女兒對父親的病情感到非常困擾，腦退化嚴重的父親已不能提供有用的病歷；而她印象中父親一直是位「好好先生」，記憶中他也沒有患過梅毒，當然他是否有因少年輕狂而染病卻不可知。女兒一直獨力負責父親的覆診，卻不情願也不敢向弟妹們交代這些病情，一切都不知從何說好，眾多疑問也不斷在她的腦中迴轉。

更糟的是這幾天父親服用過多西環素後，顯得煩躁不安，睡眠比之前差得多，卻說不出確實是哪裡不舒服。他大喊不要再吃這藥，也不要再抽他的血了。女兒於是兩天前先著院舍停了這藥，父親倒也真是平靜了下來……說著，父親背後的女兒不禁兩眼泛淚，而輪椅上的伯伯卻仍是面帶笑容望著醫生。

女兒問家庭醫生：「不服這藥，不醫這病，不去覆診，可以嗎？」女兒的問題，同樣也是醫生的疑問。當下要考慮的，就是所有的檢查治療到底對張伯伯有何利弊？同時照顧者所承受的巨大壓力，絕對也是重要的考慮。家庭醫生跟女兒完整地分析箇中一切，幫助她更理解在父親身上所做的一切的意義，也支持女兒為著父親最大福祉所作出的抉擇。

臨床醫療上有著各種的指引，在篩查、檢驗、診斷、治療各方面指導醫生，令醫生在每個考慮和決定時都有充分的參考。建立這些指引，必須以充分的「循證醫學」為根本。沒有合適的指引，很可能醫生也無所適從，也不能為每項決定找理據。

## 以患者的福祉為依歸

醫生根據臨床指引為病者化驗、斷症、轉介、醫治，一切都是無可非議。 但若果單單看這些指引，卻忘記了面前是位活生生的病人，是個完完整整的人，是在其群體家庭有位份的人，而非一群系統器官的組合，那很可能是以偏蓋全，甚至本末倒置了！

醫學上的證據、指引，都是經過觀察研究一大群組有相似特質的病人所得出的，而如何恰當地將這些大本子裡的東西，運用

或不運用在每位都不同的病者身上，便是全科醫學、家庭醫學所需要兼顧的，也是所有臨床醫學的精要和難能可貴之處！

最近重溫了一個講「功夫」的節目，想到習武與行醫實也有異曲同工之處。練武者必須按步就班，習好本門功夫本子裡的一招一式。沒有師父的清晰指導，又怎能練到好功夫呢？但到了要落場對陣，卻定必要好好觀察對手的門路，每個回合都要以不同的招式靈活變通。若果只按本子一板一眼地使出來，那頂多是精彩的武術表演，卻肯定不是決勝制敵的實用之法。

可幸醫患關係絕對是可以雙贏的。若果醫生有時真的不按本子辦事，病人或病人家屬在大興問責之先，聲討不足之餘，或也可以想到那是醫者用心良苦，很可能是為了這更寶貴的雙贏局面。

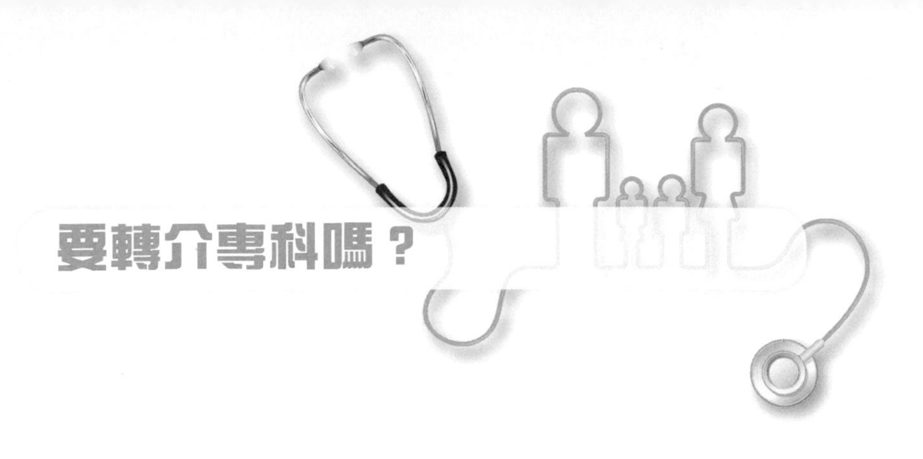

# 要轉介專科嗎？

劉老太今日來覆診高血壓和高膽固醇，血壓穩定，驗血脂肪血糖等都很理想。醫生問她還有甚麼問題時，她說：「我自己沒有問題，但是我的女兒有個大問題，我現在很擔心。」醫生追問道：「可以告訴我嗎？」

## 女兒的擔憂

劉老太道：「她患過乳癌，已經醫好了；早兩日她發現頸上長了粒硬塊，她很擔心會是癌症擴散；她醫院腫瘤科原本的覆診還有半年才到，那她該到哪裡看醫生呢？要轉介到外科？耳鼻喉科？抑或先轉介到大醫院照 CT（電腦掃描）？還是該照甚麼『正電子掃描』？我知道大陸有些醫院那些掃描都很先進，又便宜些，該如何轉介到那裡呢？」

醫生問：「那她有自己的家庭醫生嗎？」劉老太答；「那可沒有啊！」「聽過你的描述我也很擔心，不如請她盡快來這兒看吧。」醫生說。

第二天劉小姐來見醫生。醫生從「電子健康紀錄互通系統」閱讀過劉小姐的病歷：她五年前在進行「乳房 X 光普查」時發現有異常，轉介外科醫生後，發現是最早期的乳癌，經「乳房腫瘤切除術」（lumpectomy）局部切除乳房腫瘤，之後進行了輔助的電療（adjuvant radiotherapy），癌病算是醫好了，也不需要長期服用其他荷爾蒙治療。她繼續在腫瘤科覆診，並定期進行乳房 X 光來監察乳房的情況。

劉小姐憂慮地說：「腫瘤科醫生說若果發現有淋巴核，就有可能是癌症復發。醫生，頸項這一粒，我兩日前摸到，是淋巴核嗎？會是癌症嗎？」某些癌症初發或復發時會轉移到相關部位的淋巴核，如鼻咽癌可以轉移到頸上部的淋巴核，乳癌到腋下的淋巴核。檢驗時，淋巴核的特徵是皮層以內的分明腫塊，質地偏實，若有疼痛通常是發炎反應，若沒有疼痛則需要更認真考慮癌症的可能。

## 毛囊炎引起的淋巴核

醫生為劉小姐檢查：她左邊頸上段有一顆一厘米大的腫塊，是淋巴核，按下去時有痛感；在上面後枕頭髮邊的皮膚，同時有數粒紅點，是「毛囊炎」(folliculitis)。這時醫生已經心裡有數，再問劉小姐說：「這裡皮膚的粒粒疼痛嗎？近日有弄損嗎？有去過按摩嗎？」「是啊！幾日前做美容按摩時可能大力了些，之後皮膚就出了這些粒粒，有些痛。」

「放心，這淋巴核是因為上面皮膚的毛囊炎有細菌感染，細菌經過淋巴腺轉到淋巴核裡面的發炎反應，不是癌症，也跟你的乳癌病歷無關係。我給你服一個療程的抗生素和塗抗菌的藥膏便會好了。」醫生解釋說。

得知自己是虛驚一場，劉小姐立時如釋重負，但也還是問醫生說：「那還需要轉介到專科嗎？」

## 醫療資源的「把關者」

家庭醫生在醫療系統內其中一個重要的角色，就是醫療資源的「把關者」（gate keeper），使病人的真實需要與寶貴的醫療資源互相配合，令更高層次的醫療資源用得其所。理論上「專科」醫療只治理少數更嚴重、更複雜的病症，而全科家庭醫生則為專科醫生把關，處理大部分常見的病症，轉介及只會轉介病情有真正需要的病人到專科。專科醫生的治理，通常都會有更多的檢驗、有更多的醫院治療、用更多的資源金錢，必須用得其所才合理。

但上述的情況，只會在最理想的醫療系統中出現。在本港的私營醫療，病人通常不需要家庭醫生的轉介，就可以自由地去找各科的專科醫生；好些保險的醫療計劃，也「免除」了需要家庭醫生轉介的要求，容許病人直接去見某些專科醫生。但沒有了家庭醫生重要的「把關」角色，便有更多直接見專科醫生的病人，這肯定會推高整體的醫療開支。保險業若以在商言商的角度來看，恐怕也不是一個明智的決策。

上述的案例，也許說明到其中一些因由：病人擔憂自己有隱藏的嚴重病患，但事實上，很多時他們那些病症都並非其所擔憂的；若果只以自己的擔憂「對號入座」，不經家庭醫生轉介直接去找專科醫生，病人很可能會走了「冤枉路」（全科家庭醫生的治理已經合適足夠，無需找專科醫生），或者是「走錯路」（根本不是患上這個專科專門治理的病患，卻無端經歷了很多不必要的檢驗治療，甚至因此受害）。

## 病人的「領航員」

家庭醫生另一個非常重要的角色，就是病人的「領航員」，引導每位病人走一條最合適的健康之道，當中自然包括合適的轉介決定。例如病人因「心口痛」來見家庭醫生，這個病人是年輕女性，心血管病的風險屬最低，其痛症是典型的「肋軟骨炎」（costochondritis），但病人卻很擔憂心臟猝死，要求家庭醫生轉介到心臟專科醫生再檢查。這時家庭醫生必須做的，就是清晰的解說、恰當的安慰、充分的同理心，加上適量的消炎止痛藥來紓緩痛症，並確定地拒絕轉介的要求。在這情況下若說太多「萬一」而作轉介，恐怕就是大大的不妥。

又或者，那個病人如是一位中年男士，吸煙、肥胖、三高，近來出現了典型的「心絞痛」，來見家庭醫生時總說很忙，只想來取些止痛藥。這時家庭醫生必須堅持將病人緊急轉介到心臟專科醫生作跟進，以確診冠心病並及時「通波仔、放支架」來救命。若果醫生只跟隨病人的要求，對病人的真正需要視而不見，不作轉介，那就肯定是嚴重的缺失。

全科的歸全科，專科的歸專科，彼此互相轉介，各展所長，對病人福祉、專業發展和社會資源都是通贏的結果。期望大家明白，任何健康問題都應該先找你的家庭醫生，他們在轉介專科上的建議也定是為你而作的最好決定。

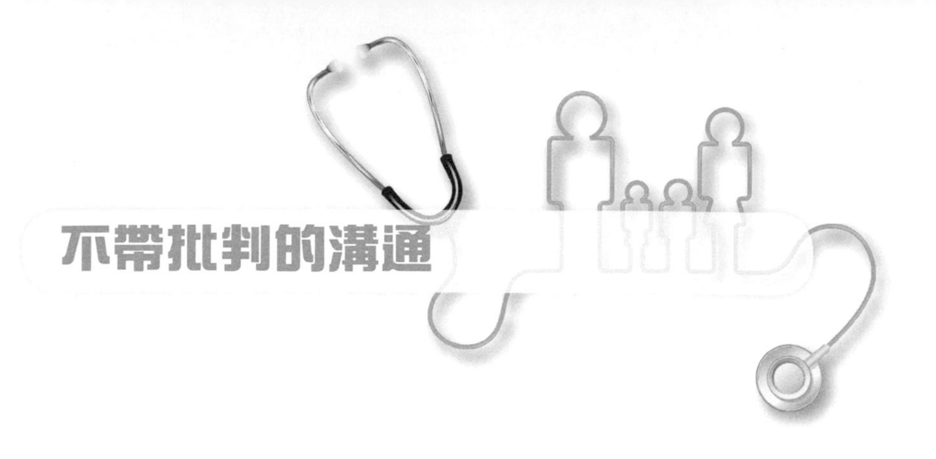

# 不帶批判的溝通

回想二〇一四年雨傘運動時，佔領人士與警察對峙，彼此的立場都很清晰，也有各自要堅持的目標。那時候，大家都很懼怕，害怕會有一發不可收拾的結果發生。那時候，大家所盼望的，也就是對立雙方真誠的溝通與對話。

無論支持或不支持佔領行動的朋友，都認定自己是經過獨立與有批判力的思考（critical thinking）後才去行動。「有批判力」的思考，決定了個人的行動，是生存在現今愈見多元的社會中一項極其關鍵的要素。但你有你的批判思考，我也有我的，若兩者有分歧、有衝突時，那又如何開始溝通呢？

## 不帶批判的溝通

醫生受訓最重要的一部分，就是學習跟病人和病者家人好好溝通。當然診症室裡的溝通是很特殊的情況，例如醫生似乎是高高在上，醫生與病人在資訊上也有很大的不平等。但病人真實地將自己的所感所慮告訴醫生，醫生也盡自己的專業知識與道德幫助病人，毋忘自己行醫助人的醫者初心，也就是醫患溝通的基礎。

思考要有「批判的能力」，但溝通卻不能帶有「批判的眼光」。診症時常常要強調的重點，就是以「不帶批判」（non-judgmental）的角度去看病人。回想在考專科筆試，回答一些以病人個案所設定的問題時，幾乎都一定會寫下「以不帶批判的角度去看病者」這一句來作答。這可算是一個放諸四海而皆準的答案，但也肯定了這點的必要性。

假如走進診症室裡的病人，叫醫生感到滿不自在，又或者是醫生最不希望見到的類型，那醫生又該怎樣繼續下去呢？以我最「不欣賞」的病人為例，一些年輕的成年男士不單需要由母親大人陪伴一起走進診症室，問診也總是由母親搶先發言，這時我們心裡自然會泛起「裙腳仔」這個極有批判的字眼。但若果醫生一開始便以這般角度去批判病人，又怎能繼續好好地溝通下去呢？

有時病人到診第一句話就刺激到醫生脆弱的心：「醫生，我只是需要你替我寫封轉介信。」「醫生，我只是需要你給我寫張病假紙。」「醫生，你是怎樣看病的？害我在外面等了很久！」這些時候，醫生更加要平心靜氣，抖擻精神，緊記要以「不帶批評」的角度去繼續診症，方能保證其專業質素沒有受損。

## 多了解及關心病人的背景

若果病人跟醫生真的合不來，而醫生也已盡力不帶批評去看病人，那病人可能真的「很難溝通」啊！面對難以溝通的病者，醫生要緊記保持尊重的態度，而「破冰」的最佳方法，就是要多些了解、關心病者的背景情況，自然會找到出路。

黃先生七十多歲，給醫生的第一個印象是位極為緊張的病人。（緊記緊記，盡量不要評論別人說：「你很緊張啊！」絕大部分人覺得「緊張」為負面的批評，通常條件反射的回應就是：「我沒有緊張啊！」這一來一回，便大大影響溝通。）他甫坐下，便馬上訴說出一連串的問題：他有高血壓需要服藥，還訴說有頭痛、頭暈、心口不適、小便不順、周身骨痛，接著要求一連串的驗血與檢查，並問醫生是否需要轉介到各個專科跟進。

醫生的即時情緒和想法，就是：「嘩！這老頭很煩！這次有排搞了！」面對這真實、即時、自發的反應，要首先肯定它的存在，即時察覺，並盡快處理它。否則醫生心裡抱著「厭煩」、「輕蔑」、「沮喪」等負面情緒與態度，那之後的診症與溝通又怎可能有效呢？

醫生要坐穩陣腳，先懂得處理自己的即時情緒，確保自己不要帶有色眼鏡去看這位病人，並以尊重的態度和語氣去跟病人溝通。醫生當然可以先探索黃先生的「想法」、「關注」和「期望」，但這般看診，只會停留在看「病人」的角度；另一個更簡單更直接的溝通方法，就是要視黃先生為一個完完全全的人，多點了解他。

## 緊張背後的故事

醫生確保自己以不帶批判的語氣，問黃先生說：「我看到你有很多問題，不過我想先問問你的一些背景資料。請問你跟誰一起住？」黃先生有點愕然，然後慢慢將自己的情況和盤托出：他跟妻子同往，沒有子女；他的妻子多年前因「爆血管」（出血性腦中風）引致左邊身半身不遂，他便負起長期照顧妻子的責任。他一直很擔心自己身體有問題，會令他不能照顧妻子；故此他一有甚麼不適便很緊張，要立刻看醫生，希望醫生告訴他是否有大問題。他也承認自己是「緊張了些」，但那只為了可以好好繼續照顧妻子。

問過黃先生的背景後，醫生對他的感觀馬上來了個一百八十度轉變：從一個麻煩的老頭子，變成一位盡責任、有承擔、有情有義、關心自己健康的好男人、好丈夫；他的想法、關注、期望也自然理解得一清二楚。在醫生的眼裡，他不再只是一個病人，而是一個完整、有高尚人格的人。醫者對黃先生，也自然展示出應有的欣賞、尊重、關心和同理心，也從此建立起一個互信的醫患關係。

不帶批判的溝通，一切都是建基於更全面、更真實的認識。

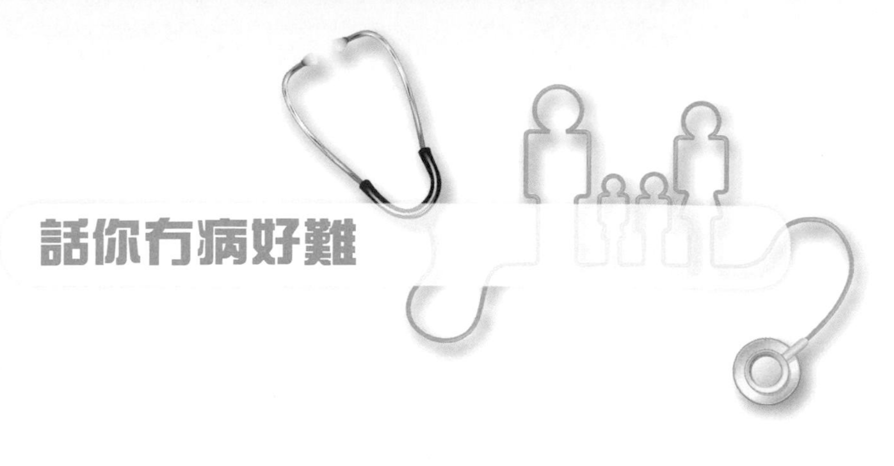

# 話你冇病好難

「話你冇病好難」，這句還是以廣東話表達最為傳意傳神。這句話，在現今的醫療環境非常實在：醫生話病人「冇事」，就是希望病人安心，但病人心裡可能還有千頭萬緒：上一個醫生說我有這個病，為何這個醫生說我「冇病」；醫生都沒有為我做甚麼檢驗，又怎能斷定我冇病？我現在可能冇病，但怎能保證我以後會冇病？醫生你又能肯定我冇病嗎？

跟這句在另一端相對應的，就是「話你有病好易」：當我做完一項檢查（量度、驗血、照鏡）後，醫生便會告訴你患上這個那個病症。當然我可以因為醫生替我找出答案而感到很欣慰；但我也很可能會非常懷疑，因為自覺沒有大礙，但這樣就有了這個病嗎？診斷一個病症就是這樣簡單容易嗎？

## 「高血壓」的女士

六十七歲的容女士今天因高血壓來見家庭醫生，她拿出上週從急症室取來的降血壓藥，對醫生說：「急症室醫生話我有高血壓，給了我一個星期降血壓藥，著我服完前找家庭醫生覆診。」今天在診所量度到的血壓為 160/90mmHg，脈搏卻是很快：每分鐘 112 次。

醫生也不問太多，先為婆婆把脈：脈搏快，但不亂，很規律。再看看婆婆，見到她緊張兮兮的樣子。醫生便安慰她說：「你的脈搏有些快，卻沒有亂。放鬆些，沒大礙，先為你做個心電圖檢查看看，之後再量多次血壓。」

心電圖顯示心率為每分鐘 108 次，為正常「竇性心率」(sinus rhythm)，沒有其他缺血、心率不正、心肌肥厚等異常（即是正常）。十五分鐘後，容婆婆再進來，返量的血壓為 140/85mmHg，剛屬「正常」，心率則為每分鐘 77 次。

## 忽高忽低的血壓

醫生告訴她心電圖很正常，看見她從容了點，便問她說：「你剛才很緊張嗎？」（「緊張」這詞必須小心使用，因為病人很常會自衛地回應說：「不啊！我沒有緊張啊！」醫生見婆婆真的很緊張，於是便嘗試直接地問她。）

容婆婆說：「是啊！我每次見醫生都很緊張。」醫生再問她道：「你以往的血壓都高嗎？」「不啊！以往我的血壓都很正常，半年前的身體檢查都說我的血壓正常啊！」她從袋裡取出一份檢查報告，原來她也有備而來。

報告顯示那時的血壓為 135/80mmHg，心率為 84；心電圖、肺 X 光片也是「正常」；驗血發現腎功能、肝功能、血全圖、血糖、血脂、甲狀腺功能皆「正常」。到了這時，醫生已心裡有數，便再問婆婆說：「你還記得那天到急症室的情形嗎？」

容婆婆說：「當然記得。那幾天很冷，我又連續幾晚都睡得不好，那晚很不舒服，頭很暈；我老公有高血壓，家裡有血壓機，便拿來一量，量出來的血壓很高！女兒擔心我會中風，晚上又找不到醫生，便叫我到急症室。

「我到急症室的血壓高到一百八十幾，我又驚、又暈、又凍，但那晚急症室人山人海，我等了近五個鐘才見到醫生。那位後生醫生一臉倦容，也沒問甚麼，替我檢查過後，就說：『你沒有中風，但有高血壓，現在開降血壓藥給你，服完後就去找家庭醫生覆診。』

「醫生，我有高血壓嗎？真的要服降血壓藥嗎？」容婆婆問道。

「很多時候，話你有病好易，話你冇病就好難。話你有病，給你開藥，隨時一分鐘也不用；但這個醫生明明話你有病，那個醫生卻說你冇病，那個醫生就要為病人更清楚詳細地解釋，用上更多時間精神，更要冒上一定風險。」醫生回答說。「但一切都要實事求是，有病的就要認清是有病，冇病的就不能隨便當成有病。」

「你沒有高血壓。你的血壓是隨著身體精神狀態變化而正常波動。身體不適，緊張不安，血壓就會因此上升。你的血壓一向正常，雖然現在的血壓有波動，但是這並不表示你患上高血壓。」醫生解釋說。「你說近來睡得不好，現在看來也很不安；你近來有些心煩事嗎？」

「說來也有。」容婆婆回答說。「我女兒要我下個月去照顧她的一對兒女。我們住新界，她一家住港島，以後每天都要花很長時間過去她那裡。她的一對寶貝一直由嫲嫲照顧，現在嫲嫲不湊，就要我去做……山長水遠，我既照顧不了老公，又要放下一向的活動，老實我也不大情願。但怎樣也是自己的女兒……想來想去就是心煩，也因此睡不好了。」

醫生回應道：「湊孫的壓力也真的很大。跟女兒再詳細傾傾吧！不過身體方面，就不用擔憂，你沒有高血壓，不用服藥，放心好了。」

## 醫生看「病」也要看「人」

「話你冇病好難，話你有病很易」，這裡說的是一例。當然每位病人的情況不同，不應一概而論。但這個「疾病」到底代表甚麼呢？醫生病人都必須清楚。在社區層面上，現今很多被稱為「疾病」的，都只算是患病的「風險」；但「風險」應否與「疾病」相提並論，在學術理論與實際臨床上都有很大分歧。

病人／非病人若對有病冇病有疑問，應向醫生問個明白；稱職的醫生必定能解答這些問題。最終，除了看「病」外，也還是看「人」才是真正重要。

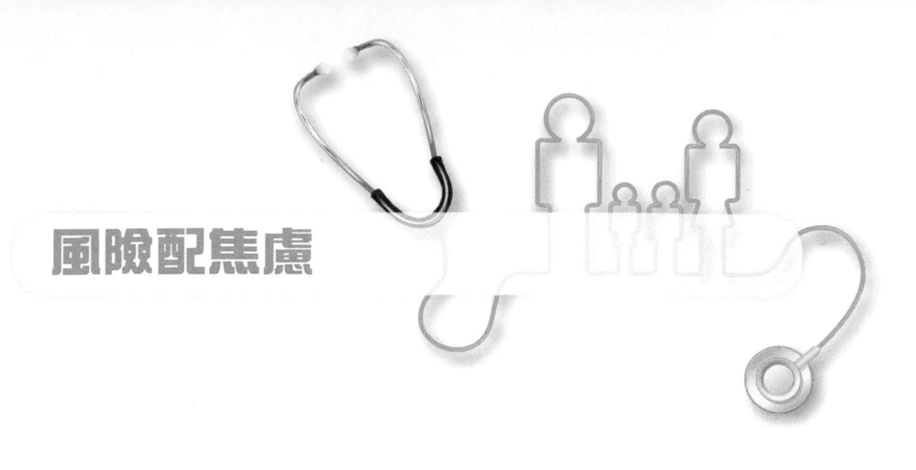

# 風險配焦慮

六十歲的美珍今天到家庭醫生處覆診。她多年前因為患上「甲狀腺功能亢進」（thyrotoxicosis），多次復發後決定服用「放射碘」（radioactive iodine），此後「甲亢」不再復發，但也如意料之內變成「甲狀腺功能過低」（hypothyroidism），需要長期服用甲狀腺激素來補充。今日同時也來看之前的驗血報告。

「美珍，你驗血報告一切正常。甲狀腺指數、血全圖、腎、肝功能、血糖、膽固醇，全部都很正常，很理想。」醫生報告說。

「醫生，真的是全部正常嗎？血糖是多少？膽固醇會否偏高？」美珍緊張地問。

「全部都很理想。血糖 4.5（世衛標準上限為 6.0）一點都不高；好的膽固醇有 2.2（即 HDL，愈高愈好），比理想的 1.6 還要好；壞的膽固醇只有 2.1（即 LDL，愈低愈好），比理想上限 3.3 還要低很多。放心。」醫生解釋說，同時也將報告展示在美珍面前，邊說邊指劃著，好讓她看得明白。

「但我常常覺得心口有些微痛，那會是早期的心臟病嗎？」美珍問道。

美珍已經不是第一次這樣問了。美珍身形瘦削，不煙不酒，多年來驗血的紀錄都是如這次般理想。以往做過的心電圖檢查也完全正常，其心口痛也跟冠心病的心絞痛完全不像，該是肋旁肌肉的抽痛，但她仍然非常擔憂會患上心臟病和突然因此猝死。問過她現在心口痛的情況後，醫生說：「你的徵狀不是心臟病的病徵；你患上心血管病的風險是屬於最低的，即患心臟病的可能低得很。你沒有心臟病，放心好了！」

## 身體系統各有不同患病風險

醫生處理患病風險時，會為每位病人作出個別評估，再根據評估出的風險高低來考慮預防與治療方案。以一個人的身體為例，人體每一個系統的患病風險都可以不同，可以在某一個系統有高患病風險，在另一個系統則是低風險。就如美珍，她患上心血管病的風險屬於最低；但因為她的身形瘦削，又已收經，而且有多年甲狀腺功能亢進的病歷，這三項都是骨質疏鬆的風險因素，因此美珍因骨質疏鬆而骨折的風險會比平均高。

家庭醫學著重為健康人士預防疾病，帶領病人做好「風險管理」。風險高的問題要及早發現、監察，並用合適治療去降低改善；風險低的問題，則需要定期觀察著風險的變化。

## 有風險不等於已患病

關於患病風險，還要留意：理論上「風險」不是「疾病」，沒有任何徵狀、不會引致不適；風險當然可以引發疾病（如高血壓引致冠心病；骨質疏鬆引致骨折），但即使有風險，很大部分患者終期一生也不會因此患上相關的疾病；另外，「風險」並非黑白分明，而是一個由低到高的光譜。風險高低，自然與患上相關疾病的機率成正比。

例如當病人給診斷患有糖尿病，所有資訊都會説他患上微血管病、大血管病，甚至死亡的風險提高了。但在擔憂的同時，也要看清楚「風險」真是如此非黑即白嗎？到底真的高了幾多？同樣都是糖尿病，在毫無徵狀定期身體檢查時驗到血糖剛剛「過界」了一點，跟一直都沒有檢驗過，到糖尿病病發到「三多一少」（吃多、喝多、小便多、體重減少）才驗到血糖高「爆燈」，兩者的風險不該一概而論；同樣地，年輕三十多歲便發現患上糖尿病，跟垂垂老矣時才驗到血糖高了一點，風險也不可以同日而語。

## 高風險、高焦慮

風險是客觀的，但面對風險的反應則個個人都不同。患病風險升高會叫人們感到焦慮，擔憂最終會患上相關的嚴重病患，這是自然反應。理論上，風險與焦慮該成正比的；風險愈高，就會產生愈強的焦慮反應，並因此實踐各項「適應行為」，如戒煙戒酒、改善飲食、運動減肥、服用藥物等，以求降低風險，紓解焦慮。

## 低風險、高焦慮

但亦有很多時候風險程度跟焦慮反應不成正比。如美珍患上心臟病的整體風險根本上是極低，但她對患上心臟病卻有強烈的焦慮。「低風險、高焦慮」這個不相配的情況，在一些身體無恙的朋友之中實在不少。這些朋友本身可能傾向容易焦慮，耳聞目睹一些嚴重病症的個案後，就很容易「對號入座」，將自己身體的一些輕微徵狀（如美珍的「非心臟胸口病」）懷疑是嚴重病症，並為此焦慮擔憂。

這種焦慮雖強烈，但也是合理合情，並未嚴重到「疑病症」（hypochondriasis）的程度，經醫生的解說也可以暫時得到緩解。英語上就有所謂的「worried well」，但既然已經承受著焦慮擔憂，又好得去哪裡呢？

## 高風險、低焦慮

另一個不相配的情況，就是「高風險、低焦慮」。這組病人會被稱為不知驚、不聽話、諱疾忌醫，甚至因此容易與醫護人員衝突（醫生：「你已經三高了，還不肯吃藥／戒口／運動／戒煙！」）。面對這些病人，這時候醫生應盡力設身處地，理解病者不擔憂、不回應的真正原因（病人：「我一直健康，為何要我長期服藥？這些藥物全部都有副作用，我不要長期服用！」），唯有這樣方能真正幫助到他們。

家庭醫學常說「每個人都不同」，其中每個人就各種病患都有不同的「風險」、配上面對各個問題都有不同的「焦慮」，縱橫交錯，分別呈現在每個人之上，立體多變，人人不同！

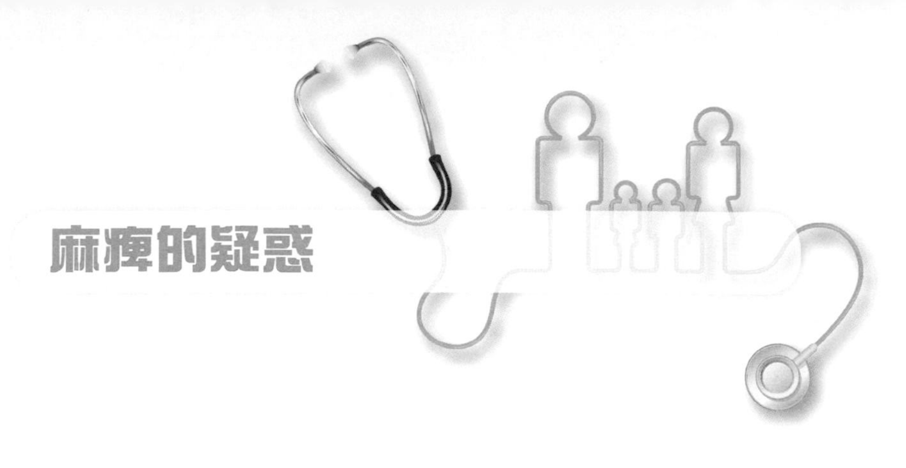

# 麻痺的疑惑

冬天凍凍寒寒時，很多時凍到手腳冰冷，麻麻痺痺，殊不好受。說來麻痺的感覺，大家都不應陌生，而不少病症的表徵，亦正是麻痺這不適的感覺。

## 單邊麻痺可能是中風的先兆？

五十五歲的鄭太因近來右手麻痺的感覺而非常擔憂。她有高血壓，定時在家庭醫生處覆診服藥，血壓亦一直控制得很理想。近個多月她開始感覺到右手指頭麻痺，起初這種麻痺的感覺只是偶爾出現，維持數分鐘便自然消退；及後愈來愈頻密，麻痺的時間亦愈長，甚至經常在夜半睡著後因手指麻痺而醒過來。起初鄭太也不以為然，跟身邊的友好說起，她們都不約而同地說：「你這樣單邊麻痺，小心是中風的先兆啊！」也因為她患有高血壓，便不禁愈加擔憂，於是提前到家庭醫生處覆診，想要做個電腦掃描照清楚。

麻痺這病徵，可說是一個最難理解的問題，常叫醫生感到很棘手。麻痺沒有表徵，看不見、觸不到，也不像痛症般劇烈；診症時，則完全依賴患者的描述，給醫生評估分析。很多病人在描述其麻痺問題時，往往說得含糊不清、模棱兩可，聽到醫生一頭霧水。這也難怪，因為麻痺這徵狀本身就是如此難以捉摸。這正是考驗醫生取病歷「功力」的地方，即是如何從病者口中，不加指引性地（non-directive）套取準確的資料，分析考慮臨床上最有可能的斷症。

打開醫學教科書，可以見到數以百個可引致麻痺的病症。考慮各個可能性，仔細詢問病者麻痺出現的位置分布、出現的時間等重要資料，是一個「模式識別」的過程。這份取病歷的功夫，靠的是累積下來的經驗與知識，是行醫的必需要求，也依賴醫生與病人的良好溝通。但在這醫療科學愈加發達，各項可用的檢驗愈來愈多的世代，醫生的這份基本功，卻好像愈來愈被忽略了。

## 常見手指麻痺病症——腕管綜合症

說回鄭太的情況，她絕非有中風的先兆，而是患上「腕管綜合症」（carpal tunnel syndrome），一個很常見引致手指麻痺的病症。若只靠其名字去看，大家或不明所以，最清楚便是考慮手腕部分的解剖結構：前臂向掌心走往前收窄；從前臂通往手掌心、聯繫到各隻手指的多條屈肌肌腱（flexor tendons）就在手腕的位置愈聚愈緊，更給一塊打橫跨過手腕掌心面、堅韌的、名為屈肌支持帶（flexor retinaculum）的韌帶包紮著，形成了一條狹窄的管道（腕管、腕隧道）。在這管道中央，有一條名副其實的「正中神經線」（median nerve），就是將神經訊息與感覺帶到姆指、食指、中指與無名指半側這三隻半手指之處。

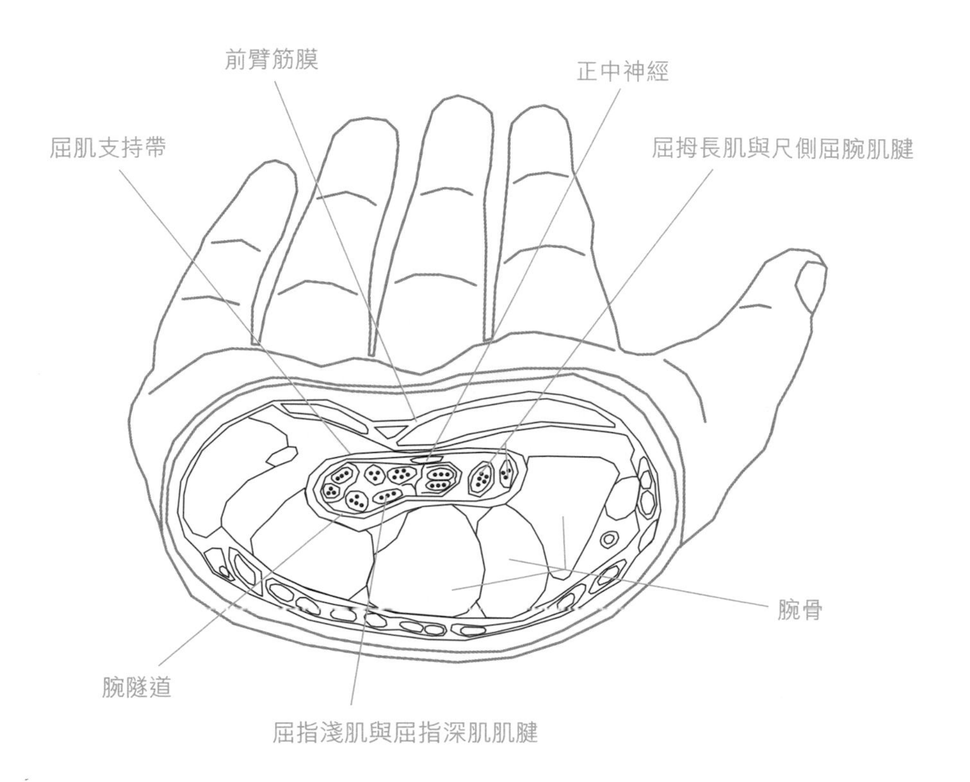


腕管綜合症的患者正是因為手部長期的不斷重複勞動，日積月累地令到手指的各條筋腱日漸膨脹，結果便在手腕這個窄位，擠壓到給包裹在中間的「正中神經線」。因為神經線受壓所以產生麻痺的感覺，一直沿神經線傳落去。起初出現的徵狀，便是姆指到無名指半側這三隻半手指的麻痺。病情愈發嚴重，麻痺便愈厲害，甚至影響到由正中神經線所控制的手部肌肉，導致肌肉萎縮，手部無力。

原來鄭太因為快要榮升祖母，欲親自為其媳婦預備甜薑醋，近日日刨夜刨，弄到右手十分勞累，結果便引發出腕管綜合症。而她所擔憂的腦中風，雖然也可能出現手腳麻痺的情況，但這麻痺的源頭，卻是來自大腦控制感覺的部分缺血受損所致，病理上跟腕管綜合症的情況完全風馬牛不相及。

醫生向鄭太清楚地解釋過其病症，道出其擔憂只是過慮，絕非中風，鄭太便立即釋疑，也不再要求下一步的檢查化驗和照電腦掃描了。醫生建議她要多讓休雙手息，觀察病情會否好轉，也叮囑她要繼續控制好血壓，因為高血壓控制不好，正是導致中風的主要原因。

## 了解病人所思所憂

診症時，為病者的徵狀考慮各鑒別診斷，最終作出準確的斷症，並跟病人清晰地了解溝通，商量下一步的跟進，是家庭醫生的重要職責。而且，醫生更要審慎地考慮化驗造影等檢查是否真正需要，避免不必要的過度檢驗，這才是家庭醫生照顧社區病人的應當責任。

除了理解病徵的特性，更重要是明瞭病人的所思所憂，估計病人在此時此地提出這問題，到底期望醫生可如何幫助到他呢？對於病人的焦慮擔憂，醫生更需要主動出擊去好好處理，叫病人可以把不相干的擔憂放下，更加集中精神去應付真正的問題。這份同理心與體諒，可能是病人最感受到的關懷，也是醫生最需要培養的品格。

# 上醫醫人，中醫醫病，下醫醫數字

「古之善為醫者，上醫醫國，中醫醫人，下醫醫病。」是源自唐代名醫學家孫思邈的《千金要方》。回想當年國父孫文放棄習醫、投身革命，成為改變中華民族歷史的「上醫」。而我等普通家庭醫生，能盡心盡力地做到「全人醫治」，成為一個「中醫」，已算是可喜可賀，或許就此自我升級為「上醫」吧！

我輩或盡可能成就「上醫醫人，中醫醫病」，那麼「下醫」又醫甚麼呢？現今某些行醫做法實在是有點強差人意，我姑且稱之為「下醫醫數字」來述說一下。

林子祥有一首歌曲《數字人生》，道出人生確是被很多數字圍繞著。現代人的健康是好是壞，很多時候也是取決於眾多的數字。定期身體檢查或看完醫生後，得到的也就是一大堆數字。最常出現在大家身上的數字，也許就是閣下的身高、體重、血壓、血糖、血脂等。

檢驗所得出的數字，反映的都是相應的身體狀況。某些病症，基本上就是由一些數字所定義。每個數字對不同的病者、不同的臨床情況下，都可以有不同的解讀。醫生就是要全面分析這些數字，對於眼前這位病者有何獨特意義。

## 「白袍高血壓」

所謂「醫數字」，就是過分簡單去考慮或過分誇大某個數字在病症中的重要性，甚至到了單單以數字去代表那個病症；所作出的治療，也只是醫那個數字，不是去醫病，更遑論去醫人。

說說最常見跟健康相關的數字：血壓（blood pressure）。在上臂量度到的血壓數字，是診斷「高血壓」（hypertension）的定義因素，關於高血壓的一切問題，也得從這個數字說起。不過，這數字有「堅」有「流」，醫生病人必須小心分辨。「流」的血壓，不是指弄虛作假，而是愈加常見的「白袍高血壓」(white coat hypertension)。

「白袍高血壓」者，在家裡安安靜靜時，血壓是正常；但到了診所見到醫生護士的「白袍」時，血壓便會飆升，即使叫病者坐定放鬆，血壓仍是高居不下，再返度時更可能愈來愈高。好些病人表示在診所度血壓時會感到異常緊張；有些即使沒有特別感覺，但血壓總是無故比平時高很多。

另一個常見血壓數字異常飆升的情況，就是有些病人在感到身體不適時，血壓會忽地高了起來。常見的情況是當病人頭痛頭暈、發熱痛楚、情緒波動時，不論在家裡自行量度、到醫生診所或到急症室度，血壓都會比平時高很多。這些忽然高升的血壓數字，應理解為血壓的正常生理波動，是身體不適時所引致的反應，而並非因為血壓上升引發身體不適。孰因孰果，先後分明，必須清楚。

上述情況，醫生所面對的是血壓高升的數字，考慮的是高血壓這病患，處理的是面前憂心忡忡的病人。「下醫」的做法，是只醫這個「血壓數字」：「嘩，你血壓很高，有高血壓，會有心臟病和中風！現在開降血壓藥給你。」上升的血壓當然是個警號，但總也需要更清晰更全面的考慮，才為病人診斷「高血壓」這病症！最不理想的情況，就是不加思索，輕率地將一次的血壓數字診斷為患上高血壓、反射式地開始或加添降血壓藥；甚至對病人給予不恰當的警告，令病人忽然要承受患上心臟病、中風等高血壓併發症的精神壓力，更無故要服用額外的藥物。

## 下醫醫數字

醫生必須考慮的，當然不單止是血壓數字，更要評估病人當時的身體心理狀態，以往的血壓記錄、家族的血壓病史、病者是否有出現高血壓所引致的急性慢性併發症等，才決定是否需要即時治理這個血壓。面對擔憂不安的病人，醫生更應該解釋清楚，分析血壓度數上升的原因，評估血壓數字在目前的真實意義，安慰面前的病人，與病人一起商議以後應如何更準確地監察血壓度數，並且如何處理因為身體不適而突然飆升的血壓所引致的一連串問題。

真正的高血壓是引致心腦血管病的重要風險因素，必須接受長期的治療、持續的跟進。如忽略高血壓這病患，有可能引起各種可預防的併發症，結果絕對令人遺憾。但在另一個極端，若不恰當地分析處理血壓數字，也會做成另類問題。血壓的度數，是身體狀況重要的指標，但絕不可以單單只看某一次度到的一個數字，而過分地著重這個數字，這是有違常理的。若只懂醫這個血壓數字，而不是處理病症、醫治病人，這只會為病人帶來傷害。

如果只需處理數字，一個電腦程式與AI不是比人更好嗎？（資訊科技進步，AI作醫療，取代人和醫護，實在是不能逆轉的趨勢……）下醫醫數字，也許根本連「醫」也算不上。但現今醫療界「醫數字」的情況卻似乎愈來愈常見，大家都應該引以為鑑。

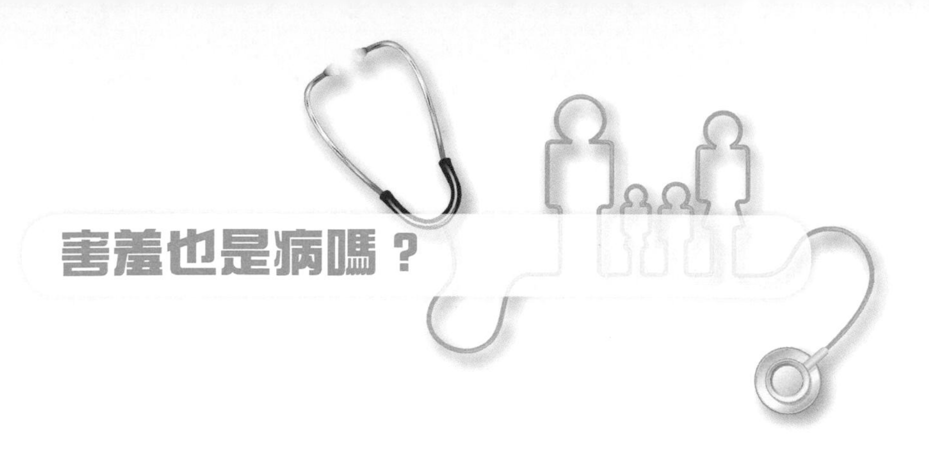

# 害羞也是病嗎？

四十來歲任文職工作的白女士今天來看傷風咳，診症開藥後，醫生正想將藥單交給她，察覺到她好像有點欲言又止。醫生自懂得鑑貌辨色，問道：「你還有其他問題嗎？」

白女士有點猶疑，最後也鼓起勇氣説：「醫生，你聽過社交恐懼症嗎？」

醫生順水推舟地問道：「你是説自己的問題嗎？」

白女士輕聲地説：「是的，我想知道多些這個病的資料。近來我在雜誌看到這病，覺得所説的病徵跟我的情況一模一樣。我自小都很『怕醜』，不愛交際應酬；以往我大多數時間都是自己獨自工作，沒有多大問題。但最近多了很多 presentation，預備時也可以，但到了真正 present 給一群人聽時就緊張得要命。現在想起要 present 也很擔心……我想我是患了社交恐懼症。」

## 何謂「社交恐懼症」？

「社交恐懼症」（social phobia，也稱「社交焦慮症」，social anxiety disorder），就是對社交活動感到懼怕。據 *DSM-5*（2013）（《精神疾病診斷與統計手冊》第五版）指引，社交恐懼症患者的病徵如下：

一、在一至多個社交場合，當面對陌生人或被別人注視時，有強烈與持續的恐懼感。

二、面對令其懼怕的社交場合時，患者都必定會很焦慮，甚至驚恐發作，令患者懼怕會出醜尷尬。

三、患者理解到其恐懼是過分與不合理。

四、患者盡力逃避令其懼怕的社交場合；在迫不得已時，便需要忍受強烈的焦慮與痛苦。

五、此狀況嚴重影響到患者的日常生活、工作、學業、社交活動與人際關係，或因這些恐懼大受痛苦。

六、恐懼、焦慮、逃避的病徵持續，通常達六個月或以上。

七、這些恐懼與逃避並非因其他藥物、病患或精神病所致；也與其他病患的病徵無關係（例如柏金遜症的患者非因其手震而產生恐懼）。

可想像符合上述條件的患者有多痛苦。大多數社交活動和與人接觸的經歷都令患者極為恐懼，成為折磨；其日常生活定必大受影響；患者必須要接受合適的藥物與心理治療，以求脱離這困境。

## 這病症有多普遍呢？

有調查指出，社交恐懼症的十二個月期間流行程度（大眾在過去十二個月曾經出現過這問題的百分率）為 7.1%，而終生流行程度（終期一生曾經出現這問題的百分率）則為 12.1% ，這代表這病症真的很常見嗎？以這個數字來看，我們身邊的家人朋友，必定會有人患上社交恐懼症！但為甚麼大家好像都不大留意到這病，那是因為大眾對這個病都「認識不足」？還是「診斷不足」（under-diagnosis）？那麼需要加強推廣對這病症的認識嗎？

社交恐懼症患者大家或許少見，但總會認識一些「害羞」、「怕出面」、「不愛見人」、「害怕應酬」的朋友。以上述條件去評估他們的性格與特徵，或許都相當符合，那麼他們該「被診斷」為社交恐懼症嗎？那麼「害羞」也就是病？需要接受治療？

## 「正常」與「不正常」的界線

人類眾多的生理特徵，都是呈現「常態分布」（normal distribution）。「常態分布」的特徵，就是那條呈「鐘形」、左右對稱的曲線：正中間的最高點，就是「均值」（mean）、「眾數」（mode）與「中位數」（median）的重疊；而分布的範圍，則以「標準差」（standard deviation）來表示。均值前後加減一個標準差，包含了總數量的 68%；均值加減兩個標準差，則包含了 95%；均值加減三個標準差，就包含了 99.7%。身體的高度、腳掌的大細、發育的時間、手掌的握力、智力的商數、紅血球的數量、肝酵素的度數、膽固醇的水平等，都是呈常態分布。

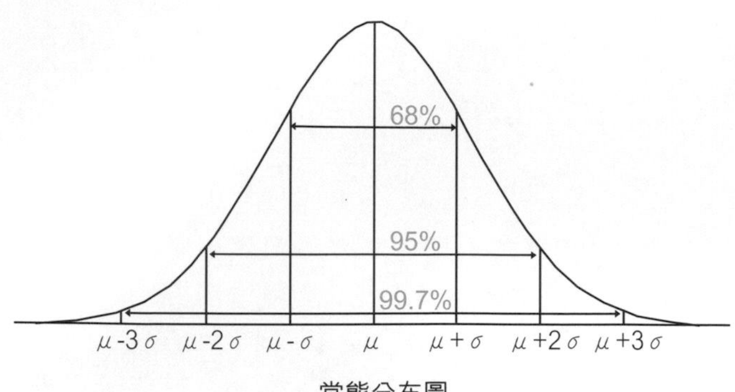


常態分布圖

「常態分布」常常用來定義「正常」、「不正常」：「不正常」就是因為位處於分布的兩端；不正常的定義，就是決定於要取多少個標準差。如此定義不正常必須仔細考慮其實質意義，就如身高：若果不是因為病患（如生長激素的異常分泌）所致，那兩端的高或矮，就算被定義為不正常，實際上又有何意義？

人類眾多的心理因素，也是以常態分布：如情緒的管理（量化了就是「情緒商數」）、快樂的程度（就是有人較易／較難患上抑鬱症）、焦慮感（有人很容易緊張／有人甚麼都不緊張）、想像力（有人天馬行空／有人鐵板一塊）……各項因素有高有低，又有不同的組合，成就了每個人性格與別不同，多姿多彩！

## 別受醫療「商業化」影響

「社交能力」也是這樣，有人面面俱圓、長袖善舞、天生享受站在舞台上，受眾人注目；但也有人內向羞澀、不善社交、害怕被人注視。這也是常態分布，有外向也有內向。當中自有極端的社交焦慮恐懼形成嚴重障礙，大大影響生活，必須接受治療；但若説有 7% 至 12% 的人患上社交恐懼症，那就是在常態分布上胡亂劃界，將正常的害羞扣上疾病的帽子！

醫療的「商業化」，加上財雄勢大的藥廠先全力地「販賣疾病」（disease mongering），努力去賣治療的藥（近期的例子，不就是透過販賣「女性性慾障礙」來推銷「女偉哥」嗎？），就是希望將常態分布的劃界愈來愈劃近中線，令到愈來愈多正常人變成病人，這也是現今醫學界面臨的重大挑戰！若不能好好應對，結果就是令到不需要醫療的正常人得到過多醫療照顧，甚至因而受害；而真正需要醫治的病人卻得不到充分照顧，那時也就是醫學信譽地位破產之時！

第三章

# 醫療資訊真偽難辨，只信循證醫學

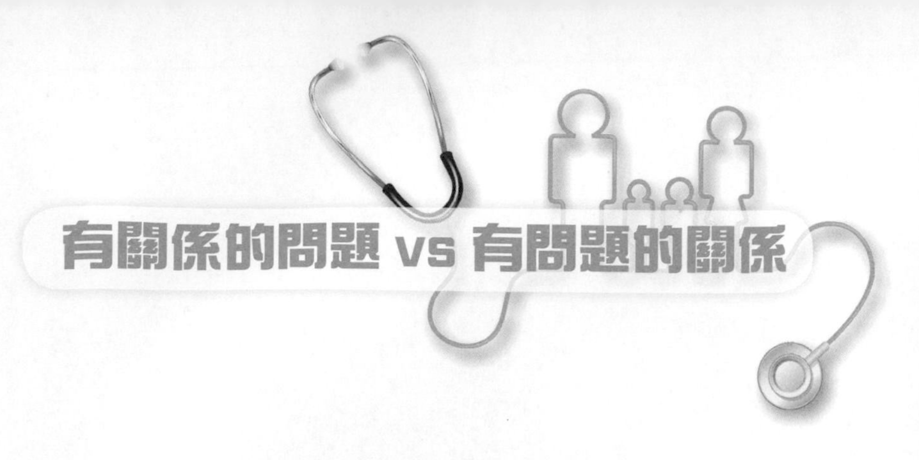

# 有關係的問題 vs 有問題的關係

網上瀏覽時發現到一條很吸睛的標題：「廣東話導致鼻咽癌」，點擊一看：這是在《廣州日報》發表的一篇文章，駁斥早在二〇〇四一份所謂「研究」的觀點。那份研究提出一連串看似科學的理論，最終推斷出「廣東話可能是廣東人易患鼻咽癌的原因之一」。

## 「有關係」≠ 有「因果關係」

大家可以大膽假設，但必須小心求證。到了醫療健康的範疇，更加不能隨口亂說，妄作結論。該所謂研究當中的一大謬誤，就是將「有關係」（association / correlation）視為有「因果關係」（causality）。廣東人母語是「廣東話」，而鼻咽癌在廣東地域特別普遍（故有別稱為「廣東癌」），以此觀察去引申，「廣東話」與「廣東癌」自然是「有關係」！但若果以這個「有關係」去推斷，就指廣東話「導致」廣東癌（即有「因果關係」），那就是胡亂推測、妄作結論！

當中謬誤又在哪裡呢？這就要考慮當中的「混淆者」（confounder），而這裡的混淆者就是「廣東人」！廣東人因為自身的人種基因、環境地域、生活習慣等特殊因素，加上

「EBV」（Epstein-Barr virus）病毒感染的影響，患上鼻咽癌的機會特別高。而廣東話也就是廣東人的母語而已，跟鼻咽癌又怎樣會有因果關係呢？

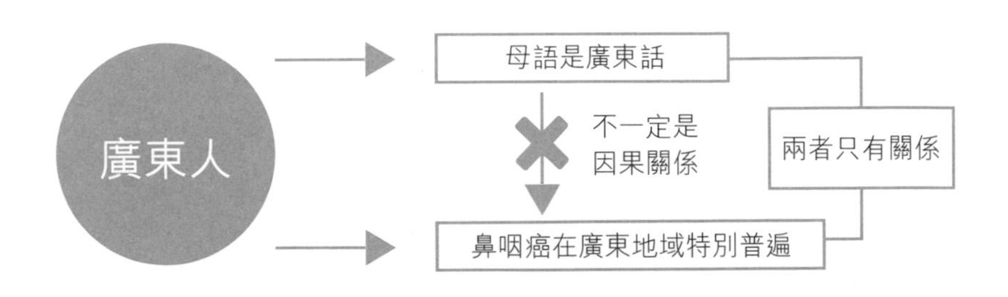


我們可以使用「分組分析」（subgroup analysis）去拆解：廣東人若不講廣東話，患鼻咽癌的風險會有不同嗎？廣東人到了外省外地，若不再講廣東話，患癌的風險有分別嗎？外省人、外國人講廣東話的風險又如何呢？分組分析這些各項因素，便能更清楚當中是否真的存有「因果關係」。

若以「有關係」便推論為有「因果關係」，有極大機會是大錯特錯！例如人老了自然會有「白頭髮」，人老了自然又會有很多「老人病」；若以「白頭髮」與「老人病」去作觀察分析，自然也會找到兩者「有關係」：有白頭髮者有更多的老人病、沒白頭髮者則少些老人病……但這個「關係」就證明了「白頭髮」是「老人病」的致病原因嗎？

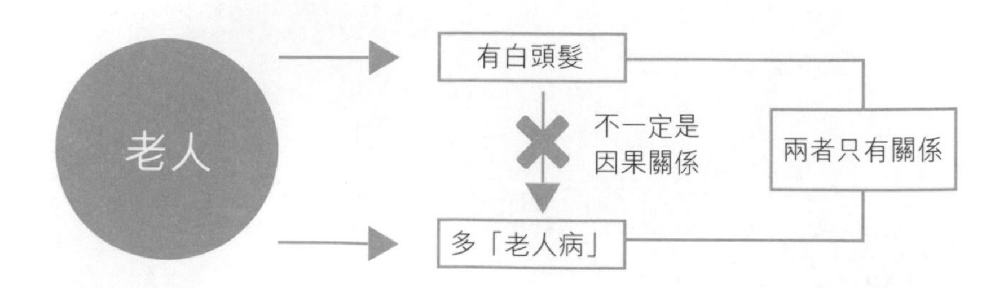


隨手拈來也可以找到這些謬誤，但這些謬誤很多時會成為一些劣質醫療訊息，譁眾取寵地流傳開去！舉例說，近年來就有「兒童自閉症」（autism）與「有機食物」（organic food）「有關係」的資訊在流傳：美國的統計數字顯示，自一九九八年到二〇〇七年十年間，有機食物的銷售量，與診斷兒童患上自閉症的數字幾乎是以同等的升幅逐年遞增；若以圖表顯示，兩者數字的曲線圖差不多是完全重疊！「有機食物」與「兒童自閉症」兩者間「很有關係」，夠清晰了吧！

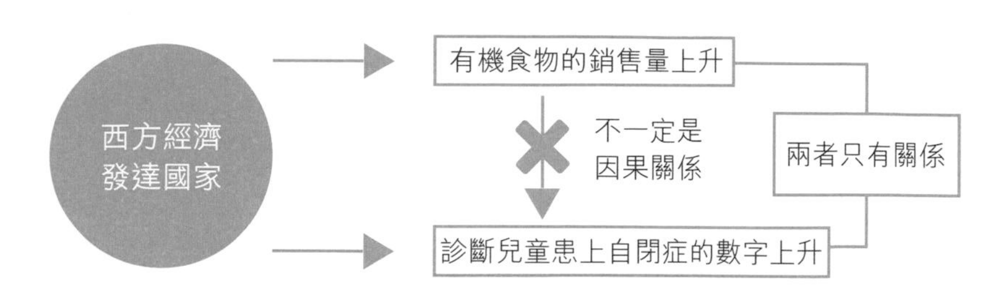


成年人吃有機食物，怎可能、又有甚麼生理機制去導致新生嬰孩患上自閉症？想穿頭也想不通！混淆兩者的，就是兩者在「西方經濟發達國家」（美國）的普遍度在過去數年間都持續上升。但怎能以為有關係就等於有因果關係呢？

若有反對有機食物者得到這些「獨家資料」後，會否以此作為宣傳的「證據」呢？普羅大眾往往有「先入為主」的心態，聽到新鮮吸引的訊息便很容易信以為真；而大眾又怎能有充分的知識與資源去分辨訊息的真偽？結果往往就被某些別有用心者奸計得逞！

## 疫苗與自閉症的「因果關係」

醫學界也真的出了一些害群之馬，其起始也是將有關係胡亂當為有因果關係，結果為大眾帶來嚴重傷害。話說在一九八八年，英國醫生 Andrew Wakefield 在醫學期刊 *Lancet* 發表了一篇觀察報告，指有家長發現其幼兒在初次注射 MMR 三合一疫苗（Measles, Mumps, Rubella：麻疹、腮腺炎、德國麻疹，在香港通常於幼童一歲打第一針，六歲再打加強劑）後不久，就開始出現自閉症的病徵。

這位醫生便是將注射 MMR，跟家長開始察覺到其子女出現自閉徵狀這個時間上的「關係」（巧合！），推斷為「因果關係」，在 *Lancet* 發表懷疑 MMR 疫苗會引發幼童自閉症的報告。其後這位醫生大力推動「反 MMR 疫苗」的運動，而酷愛新鮮事的傳媒更大肆宣傳這「新發現」，結果世界各地真的有一群家長「響應」呼籲，以預防自閉症為由，拒絕為子女接種這疫苗。

幸運是其後有位英國記者 Brian Deer 質疑 Wakefield 的根本假設，窮追不捨下確認 Wakefield 原先的假設完全不符合因果關係的條件；Wakefield 研究的觀察發現更根本是杜撰作假，而他本身亦沒有申報其明顯的利益衝突。*Lancet* 最終在二〇一〇年「完全撤回」Wakefield 發表的研究，其後更嚴謹的研究與觀察也肯定 MMR 跟自閉症「沒有任何因果關係」。

但「傷害已造成」（The harm is done）。在爭議出現後的十數年間，MMR 疫苗在各地的接種率出現大幅下降，而隨後數年間在沒注射疫苗的兒童群組中，麻疹與腮腺炎的病症出現了明顯的上升！（對抗傳染性極強的麻疹，社區必須有高於 95% 的「群體免疫力」，才能有效防預麻疹在社區爆發。）就是因為這位醫生的憑空假設因果關係、語不驚人死不休的胡作非為，導致不少兒童無辜受害！

亂拉關係，害己害人。本篇的訊息很清晰：每次遇上「有關係」的問題，必須看清楚是否有明示或暗示為「因果關係」，更務必要查證是否有真憑實據才放進腦裡！

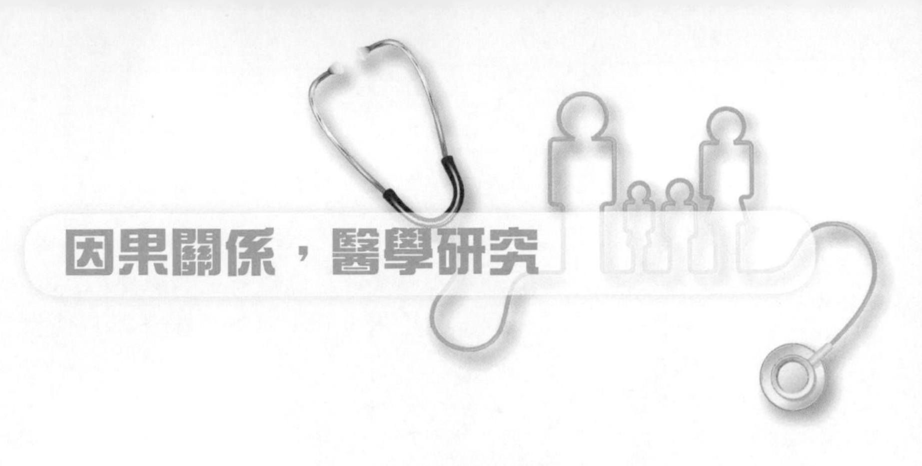

# 因果關係，醫學研究

宗教信仰講「因果」，例如說「種善因，得善果」。醫學界則很可能是宗教界之外，最著重考究「因果關係」的另一個專業。醫學其中一項最重要的實務，就是為病患找出原因：因著這個「病因」或這項患病的「風險」，結果便導致某個病患。研究要確定的，就是「風險」導致「病患」的「因果關係」。

上文說過「有關係」絕非表示有「因果關係」，那麼真正的「因果關係」又有甚麼特質？二〇一一年在 *Lancet* 發表的一個台灣「群組研究」（Cohort Study，又稱「隊列研究」），持續觀察四十一萬人的日常運動量，確定因著「缺乏運動」（因）這項風險，會引導「更早死亡」（果）這項後果。以此為例，就可闡明因果關係的各項特質。

## 因果關係條件一：時間先後

「診斷」因果關係的第一個條件，就是必須「率先」暴露在風險之下，「然後」結果才發生。「缺乏運動」者因為首先長期暴露在這個風險下，身體愈來愈差，之後患上愈來愈多病患，結果便更少運動，最終更因此而提早喪失性命。這時間上「先有因後有果」的條件很清楚。

時間先後，對孰因孰果有關鍵的決定。往往是兩個情況一起出現、關係密切，很可能有因果關係，卻分不清到底誰是因，誰是果，結果就出現「因果倒置」的大謬誤。早前熱賣的書籍《思考的藝術》（極力推薦這書，訓練思考極佳！），其中一篇題為〈泳將身材的錯覺〉説：「我見到奧運會的游泳健將身材一流，想來是因為『游泳』這個因，所以便得到『身材一流』這個果吧！於是我也去努力游泳，卻怎樣也游不出一流身材！原來這些奧運健將，是『因為』他們先天有良好的身形，『結果』才給揀選去特訓為游泳健將！」

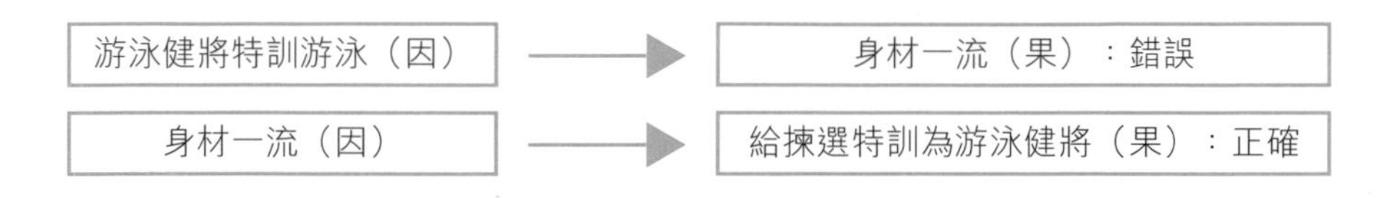


分清先後，弄清「因果倒置」的錯覺，再看那些以美女俊男作代言人的商品與服務，頓覺非常「無癮」：他們是先因為生得漂亮才成代言人，可不是因為用了這些商品才變靚變型啊！

## 因果關係條件二：「劑量—反應」關係

因果關係的另一條件，就是有「劑量—反應」（dose-response）關係：受到「因」的影響愈大，得出的「果」便愈明顯深刻。上述的台灣群組研究，就發現「缺乏運動」與「更早死亡」有著清晰的「劑量—反應」關係：正面地去看，若跟「不做運動」的群組比較，「低運動量」可減低死亡率 14%、「中運動量」減低 20%、「高運動量」減 29%、「極高運動量」減 35%。清晰的比例，闡明了劑量—反應的關係，就是因果關係的強力佐證。

| 「因」的影響愈大 | 得出的「果」愈明顯深刻 |
| --- | --- |
| 運動量愈大 | 減低死亡率機會愈大 |
| 「吸煙」愈多 | 死亡率愈高 |

## 因果關係條件三：「測試—停試—再試」的反應

「吸煙」這個因，導致「死亡」這個果，也有清楚得很的「劑量—反應」正比關係。吸煙愈多、時間愈長、抽毒素愈多的煙，就有更可怕的殺傷力！但在成功戒煙後，又或減少吸煙量，就可以漸漸減低死亡率。在煙民身上，最明顯與迅速感受到的，就是戒煙後呼吸系統的徵狀馬上減輕，咳疏了、痰少了、氣也不喘了。但假如未能一次成功戒煙，重新再抽，那些徵狀很快又重新出現。這便是因果關係的另一項要點：「測試—停試—再試」（challenge-dechallenge-rechallenge）的反應，若能清晰紀錄到這個反應，因果關係就更清楚了。

進行臨床研究以分析患病風險時，停試—再試或不大可行，亦需要很長的時間去觀察，而且也很可能違反道德。但在日常生活大家都可能做過這個實驗，那就是測試藥物的副作用。例如某些「鈣通道阻斷劑」（calcium channel blocker，很常用的一種降血壓藥），服用後或會有腳水腫的副作用。病人往往會很擔憂是肝、腎或心臟的問題引致腳水腫，但在停用藥物後，腳水腫便很快消散；再服這藥，腳水腫又很快重現。這些發現就更加肯定是這藥物副作用的因，導致腳水腫的果了。

## 因果關係條件四：相同的發現

醫學上因果關係的另一個條件，就是在多個獨立的研究與觀察中能重新得到相同的發現。假若因果關係只是在某特定條件、某特殊環境下才會發生，在其他情況卻發現不到，那就有極大的疑問；更要考慮是否有「別有用心」者藉著硬銷一些因果關係來達到目的。如前篇說到有人為了強行「證明」MMR疫苗跟兒童自閉症有因果關係，便憑空作假一些研究發現為證明；然而其他獨立研究卻完全找不到那些發現，真相才得以大白。

## 因果關係條件五：病理生理學上有可成立的機制

最後要證實因果關係的，就是因與果在病理生理學上有可以成立的機制。以運動來說，更多運動可以促進心肺循環功能，鍛鍊體格，也令身體製造「安多芬」（endorphin）這令人喜樂的荷爾蒙，紓緩壓力，改善情緒；通過這些生理機制，結果令人得享健康與更長的壽命。

但病理生理機制實在有極大的「順口開河」空間：如前篇說過有謂「廣東話」引致「鼻咽癌」，論者也能胡言亂語，說因為廣東話特別容易震動鼻咽的組織，結果便更易演變成癌症云云。不明所以者，聽到這些似是而非的理論後，又怎能分辨真偽呢？

期望大家能更批判地去看因果關係，不隨便將有關係就當成有因果關係，更千萬不要將因果倒置。若能看通因果，生活自更穩妥。

參考資料：
Straus SE, Richardson WS, Glasziou P, Haynes RB. Evidence-Based Medicine: How to Practice and Teach EBM, 3rd Edition. London: Elsevier, 2005.

# 乳房造影篩查，利弊必須清楚

日前見到一位外籍家傭新病人，她訴説左邊胸部不適，在護士的協助監察下為她檢查，一望她的左乳房，赫然見到那是個大大的腫瘤！再檢查後幾近肯定那是個乳癌。吃驚之餘，也要為她安排下一步該如何走。在徵求她的同意後，先致電她的僱主簡述病況，之後立即轉介她到急症室，希望醫院同事得知她的情況後盡快處理。

送走她後，感到非常納悶，心中的疑問，也就是為何她沒有早早就醫？是她個人問題？是我們對外傭姐姐支援不足？是醫療系統有問題？及早發現，及早治療，是對付癌症最關鍵的方法。

也有非官方組織致力宣傳預防乳癌的訊息，鼓勵女士「定期檢查乳房，減低乳癌風險」，其中一個建議就是叫無徵狀的適齡女士每年作「乳房X光造影篩查」（mammogram screening），以作為預防乳癌的方法。

若果定期篩查真的可以預防癌症，那最關鍵重要的成果（outcome），就是這個篩查方法可以減低因這種癌症所引致的死亡（cancer mortality）。這也是評估這篩查是否有效的「唯一」數據。

## 應如何考慮篩查的成效

觀察研究癌症篩查是否有效，在歷史中不停重複的其中一個最大謬誤，是以發現出的「癌症數字」（number of cancer）來做準則：若果將兩組人士分成「定期做篩查」的「實驗組」和沒做篩查的「對照組」，一直觀察下去，在定期做篩查的實驗組，「必然」會被發現出更多的癌症。

大家直覺上自然覺得經篩查「被發現」出更多的癌症後，便可以更早接受治療，豈非是件好事？此論點要成立，其中一個「大前提」是所有經篩查發現到的癌症全部都會演進成致命的病症。若是如此，盡快經篩查發現出癌症，就必定可以減低因這癌症的死亡率。

但真實的情況是很多「經篩查被發現」出的癌症，根本不會演變成為有害的癌病！（每次述説這重點時必須非常小心，因為生怕給人有種「癌症無害」的錯誤印象。）是的，某些「經篩選被發現」出來的癌症，很大可能終患者一生也不會有任何徵狀、不會影響患者正常生理功能，也不會危害患者的生命。最常談到的例子就是「前列腺癌」：有解剖研究發現六十來歲男性死者的前列腺，有 60% 發現有癌症的變化（但這些男性的死因卻跟前列腺癌完全無關）。這類型的前列腺癌生長緩慢，也不會擴散，故有説法這些男士是「與癌同死」（died with the cancer），而非「因癌而死」（died from the cancer）。

乳癌也跟上述情況相關：經篩選被發現出來的乳癌，有部分是屬於「原位癌」（carcinoma in-situ），即細胞有某些癌症的特徵，卻一直只處於原來組織的位置，不會侵略擴散。處理原位癌，通常都會以外科手術去切除，統計上也算是發現了一宗癌症個案。但如果回到最初，若果根本沒有進行過 MMG 篩查，這原位癌根本不會被發現，同時也不會為患者帶來任何問題。

另外亦有很多的研究觀察發現某些乳癌細胞很可能是會「自行復原」（spontaneous regression）。這些細胞有最初期的癌變，但可自行變回正常的細胞。這些「癌症」「恰巧」在篩查無徵狀的婦女時被診斷出來。發現到這些「癌症」後，卻又無從將它跟真正會入侵擴散的癌症分辨開來，同時也絕對不容許用時間去觀察其變化，最後必然要以治療癌症的標準方法去處理。這類情況也是經篩查發現出的乳癌個案；但若真有事後孔明，則這個癌症若沒經篩查，同樣不會給患者帶來任何傷害。

故此以 MMG 作乳癌篩查，檢測出的「癌症數目」必然會增多。若果這便成了支持篩查的理據，那便是本末倒置。這也説明以「癌症數目」去評估篩查的成效，絕對是錯誤的方法。

## 篩查能否有效減低因乳癌的死亡率？

回到根本的問題，就是以 MMG 作篩查到底能否減低女士因乳癌的死亡率呢？這個問題的答案在多年前是一個肯定的「是」。最早期為其婦女國民推行全民篩查的歐洲國家包括荷蘭、瑞典、北愛爾蘭，在一九九〇年代已經開始。而乳癌的死亡率在推行普及計劃後亦有所下降。故此研究倡議者、推行者、支持計劃的為政者，自然都將成果歸功於 MMG 篩查計劃的成功，認定篩查能為婦女更早發現乳癌，能更早接受治療，結果減低了因乳癌的死亡率；而「受惠」的國民，自然也樂意繼續參加計劃。

但也有「懷疑者」對篩查計劃提出一個重要的疑問：到底所觀察到的死亡率下降，真的是因為篩查嗎？在篩查計劃推行的多年間，治療乳癌的各種方法，包括手術、電療、化療、荷爾蒙治療、標靶治療等，都有很大的進步，亦可以是減低因乳癌死亡的因素。而在沒有推行 MMG 篩查的國家，同時亦觀察到乳癌的死亡率有同樣的下降。那麼，這個死亡率下降，真的是因為 MMG 的篩查嗎？

這個疑問，也是過去十多年在學術界的熱烈討論題目。倡議者與懷疑者都將以往相關「隨機對照研究」的數據取來作反覆核查。而當時最嚴謹、最具批評性、最受學術界尊重的〈科克倫覆審〉（Cochrane Review），在二〇一三年由獨立的丹麥學者 Peter Gøtzsche 力主，終於發表了報告，客觀地總結了 MMG 篩查的成效。下文〈一人獲益的代價〉續談。

累贅也要說一句：這裡說的以乳房造影是為無徵狀的婦女作篩查。若女士發現到乳房有腫塊，乳房造影仍然是很有用的檢驗方法。如有疑問或懷疑患癌，必須向閣下的家庭醫生查詢。

參考資料：
Gøtzsche PC, Jørgensen KJ. Screening for breast cancer with mammography. Cochrane Database of Systematic Reviews 2013.

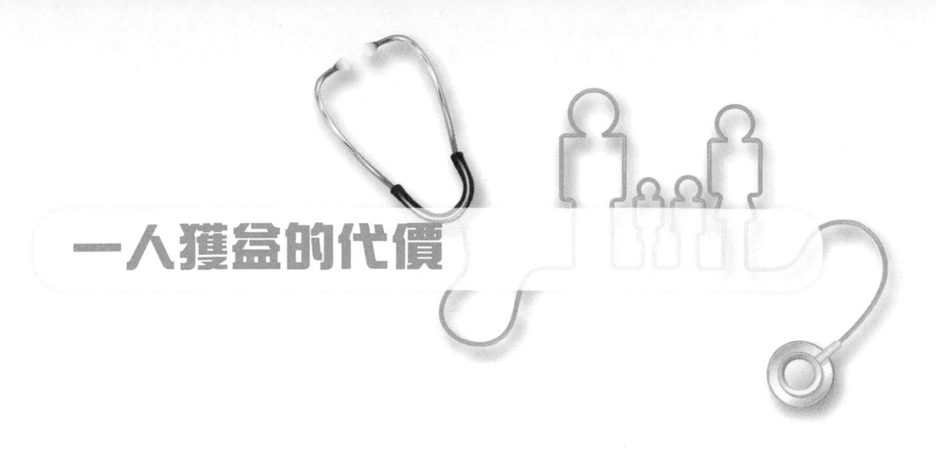

# 一人獲益的代價

關於「乳房造影」（mammogram, MMG）為無徵狀婦女做篩查的有效性，二〇一三年的〈科克倫覆審〉（Cochrane Review）給大眾容易理解明白的結論如下：

「參加為期十年的定期乳房造影篩查之二千名婦女中，一位婦女會從中獲益，得以避免因患上乳癌而死亡。但與此同時，十名健康婦女會因被誤診為癌症病人而接受了不必要的治療，她們會因此接受局部或整個乳房切除手術，多數更要接受放射性電療，甚至化療。

「此外，還有約二百名健康的婦女會收到錯誤警號。不論最終是確診與否，在等待確診期間以及往後的日子，這個患癌病的錯誤警號會給她們造成沉重的心理負擔。」

Cochrane Review 在二〇一三年由丹麥學者 Peter Gøtzsche 發表，為以 MMG 作篩查的功效下了個最中肯的判斷定案。

## MMG 篩查的歷史與地理緣故

過去十多年 MMG 篩查的功效在學術界有著激烈的爭論，說說相關的歷史與地理緣故也很有意思。早在一九六三年紐約已有隨機對照研究（randomized control trial, RCT）「證明」了 MMG 篩查的作用，發現 MMG 篩查可減少「因乳癌的死亡」（breast cancer mortality），故倡議者與支持者就以此做基礎來推行 MMG 篩查的公共衛生計劃，為其適齡婦女國民做定期檢查。當中最為大力推行的，可數北歐國家端典。及後推行者在瑞典各個州郡進行了多個 RCT，進一步「證實」了篩查可以減少其婦女國民因乳癌的死亡，也成為為政者繼續在全國推行篩查的理據。

同屬北歐的丹麥則沒有全國性篩查，只有在首都哥本哈根地區推行。Gøtzsche 其後觀察到，在哥本哈根地區佔全國女性人口的 20% 婦女，在一九九〇年代初經歷篩查後，發現出的「乳癌數字」有非常明顯的大幅上升，即有很多乳癌是經過篩查「被發現」出來；而在丹麥其餘地區沒有參加篩查的 80% 婦女，臨床上發現出的乳癌數字則一直平穩。

奇怪的是無論有沒有篩查，因乳癌的「死亡率」，在丹麥全國各地卻都一樣。而比較瑞典與丹麥這兩個醫療水平相若的先進國家，也發現兩國的乳癌死亡率並無差異，即是瑞典推行多年的篩查，並不能額外地減低婦女因癌症的死亡。這便帶出了篩查中的一個至為關鍵的疑問：到底是否有「過度診斷」（overdiagnosis）呢？

## 「過度診斷」帶來「過度治療」

可以這樣理解「過度診斷」：若果沒有經過篩查，某些「被發現」的「癌症」根本不會在該位婦女身上做成任何問題；這些病症根本不會發展，甚至很可能會自行復原。但在篩查「被發現」後，則必然有之後的治療，包括乳房的局部或完全切除術、輔佐的電療和化療，在這情形下，就是「過度治療」（overtreatment）。

「過度診斷」與「過度治療」肯定是對無辜婦女的傷害，因此在篩查之前必須要婦女們清晰理解這問題。Gøtzsche 繼續探究下去，發現到這是 MMG 篩查在世界各地都出現的問題，也有更多的觀察研究證明這問題的嚴重性。可是，那些倡議 MMG 篩查的學者與支持政策的為政者因著本身的利益關係，都對這關鍵問題視若無睹，更不斷搬弄研究的數字來否定「過度診斷」與「過度治療」的存在。

## 帶有「偏誤」的隨機對照研究

MMG 篩查的倡議支持者一直搬弄那些證實 MMG 篩查有效的 RCT（隨機對照研究）數字和結果，去加強宣揚篩查能降低婦女們因乳癌的死亡率。Gøtzsche 對此也深感疑惑，並對所有相關 RCT 作「批判評估」。結果他發現那些證實 MMG 篩查有效的 RCT 都是充滿「偏誤」（biased），而偏誤的目的也自然是要加強 MMG 篩查可降低因乳癌死亡率的成績。

Gøtzsche 繼而評估另外一些「沒有偏誤」（unbiased）的 RCT，發現這些研究都顯示 MMG 篩查「不能」降低因乳癌死亡率。若果以「總死亡」（overall mortality）為觀察結果時，則無論 RCT 是否有偏誤，觀察出的「總死亡」都並沒有因篩查而下降。

以「總死亡」去評估篩查的成效，會將篩查所導致的副作用，包括「過度診斷」與「過度治療」所做成的傷害都一併考慮（包括手術的併發症、電療和化療會增加癌症與心臟病的危險）。「總死亡」沒有分別，就是評估篩查最終極的判斷。

文首提及的數字，是 Gøtzsche 非常「保守」地估計「過度診斷」為 30%，並單純考慮那些帶有偏誤的研究，「樂觀」地假設篩查可以減少「因乳癌的死亡」達 15% 時，所得出的一個結論：在 2000 人經歷十年 MMG 篩查後，最終有一位婦女獲益，但同時有十位女士的身體因「過度治療」而無端受到各種傷害！

Gøtzsche 的覆查，也考慮了「假陽性」的問題：因為 MMG 本身的不確定性，很多時會有錯誤警號的出現；此後需要動小手術取乳房組織作檢查，也要承受當中的另一個不確定性；而且更要定期重複，倍增了這些風險。故此 Gøtzsche 也很保守地估算在篩查的十年間，每 2000 人便有 200 人因此無端擔驚受怕，精神上受到傷害。

## 有限資源的無端錯配

上述的不是一堆統計數字，而是一群因為篩查無故受害的婦女，也是因為有限資源的無端錯配，令患上真正會危害生命乳癌病者的治療受阻礙，導致寶貴醫療開支的無謂浪費。這份 Cochrane Review，希望可以令為政者更清楚考慮 MMG 篩查的實效，也希望可以幫助到女士們作出更切合自己的知情選擇。

若果與 MMG 篩查有切身關係的女士們，即使讀完上文後仍是一頭霧水，那便請記著這一點：以 MMG 作乳癌篩查有利有弊，在作決定前必須考慮是否真的切合自己所需。若果收到關於 MMG 篩查的資訊只提及其好處，卻沒有提醒你可能的害處時，那就必定是不完整的片面之辭。務必要跟你的家庭醫生商量，找出最適合自己的答案。在檢查的過程中，若有稱職的家庭醫生輔助解釋跟進，也可以大大減少當中的擔憂。

最後，若希望及早發現乳癌，難道甚麼都不用做嗎？當然不是。最實際可行的建議，就是一旦發現乳房有任何腫塊，不要猶疑，盡快求醫！

參考資料：

Gøtzsche, PC (2012). *Mammography Screening: Truth, Lies and Controversy.* Radcliffe Publishing Ltd

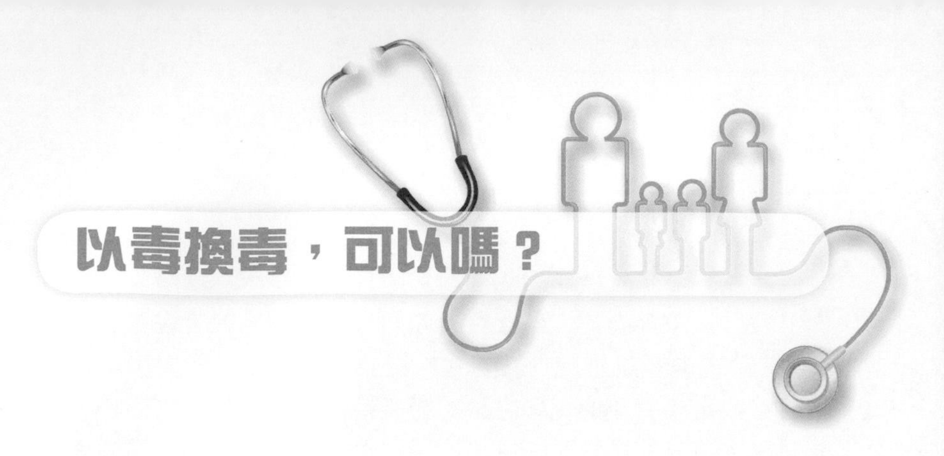


一個文質彬彬的青年，拿著一枝筆，輕含在口邊，若有所思的，是多麼的有型啊！但仔細再看，發現那枝原來不是筆，而是一枝「電子煙」，文青緩緩抽著，樂在其中……

跟文青談起，文青説：「吸煙可以令我提神，幫助我創作；但吸煙會上癮，又臭又煙又有害，所以我決定戒煙；現在改吸電子煙，不會有臭味，又不會有害，又可以幫助我戒煙，多美好啊！」事實果真如此嗎？

## 兩種戒煙方法的研究

關於電子煙與加熱煙的爭議，在政府計劃全面禁賣這些產品的法案放到立法會在二〇一九年二月二十日首讀及二讀時到達高峰。支持這些新興煙草產品的其中一個論點，就是説這些另類煙可以幫助戒除傳統煙。剛巧在同年一月三十日的《新英倫醫學雜誌》也發表了一篇關於這議題的研究報告。

這研究題為〈電子煙對尼古丁替代治療的隨機分組研究〉（A Randomized Trial of E-Cigarettes versus Nicotine-Replacement Therapy），由英國的研究人員在二〇一五年五月到二〇一八年二月期間，經「國家醫療保健服務」（National Health Service）

的戒煙服務成功招募了 886 位主動希望戒煙的煙民，並以隨機方式分為兩組：一組改用「尼古丁替代治療」，當中包括有皮膚貼、香口膠、喉糖、噴鼻劑、吸霧劑、噴口劑等不同種類，供煙民選擇適合自己的產品，並且可以選擇多種不同的組合；另一組則轉用「電子煙」：一套可以重複加入含尼古丁煙油的電子煙產品，並由研究人員詳細指導該如何使用。兩組煙民都承諾在研究開始的那天完全戒掉傳統煙，並隨即以尼古丁替代治療或吸電子煙來緩解因戒煙後所引致的強烈尼古丁癮；期間兩組都有相同的戒煙行為輔導來支援他們戒煙。

研究的「主要結果」（primary outcome），是煙民自我報告在開始承諾戒煙的一年之後能否「持續戒煙」（sustained abstinence）。（這研究中「持續戒煙」的定義，是在決定戒煙日起的兩個星期，不抽多過五支煙。）「次要結果」（secondary outcomes）則是在戒煙後四個星期、廿六個星期、廿六至五十二個星期的期間能否持續戒煙。

跟進一年後，用「電子煙」組的持續戒煙率為 18%（438 人中的 79 人）；用「尼古丁替代治療」組的則為 9.9%（446 人中 44 人）（另外每組各有 1 人在研究期間過身），電子煙的比率明顯較尼古丁替代治療為高。次要結果亦發現，在其他不同的時期時段，電子煙組的戒煙比率都尼古丁替代治療組為高。

這研究的人員於是作出如此結論：「電子煙比尼古丁替代治療更有效戒煙。」以這個結論來看，反對禁賣電子煙的人士，豈不是可以振振有詞去抗辯？

## 研究的偏差與錯漏

接受每項研究的結論之先，必定須要評估該研究的質素。愈高質研究的結果愈可信，反之亦然。若果嚴格評讀這研究，可以看出這研究的偏差錯漏甚多，足以大大影響其結論的可信性。

最大的偏差在於煙民清清楚楚地知道自己正在採用的治療方法，完全沒有了「隱藏」（blinding）這個在評估隨機分組研究可信程度的極重要因素；而輔導員與評估者亦清楚知道參加者現正採用的治療，這也很可能反過來影響了參加者對治療效果的期望。這研究完全缺乏了隨機分組研究最重要的「雙盲」（double blinding，即參加者和評估者都不知道所採用的治療種類），肯定影響其可靠程度。

而接受「尼古丁替代治療組」的參加者，亦清楚知道另一組是在接受電子煙替代治療，一比較下，或會認定這是較次等的治療，結果便更缺乏動力去戒煙。理論上最理想的設計，就是兩組都同時給予電子煙與尼古丁替代治療，不過電子煙組額外給的是沒有尼古丁的替代品；尼古丁替代治療組額外給的則是沒有尼古丁的電子煙；同時確保輔導員與評估者對實況不知情，這樣方可以做到真正的「雙盲」！

另外，這研究的參加者都是主動希望戒煙的朋友，故此其結論不能套用於其他情況、非主動要戒煙的朋友，也不應套用到因其他原因吸電子煙的朋友；而且需留意一點，電子煙組一年後的持續戒煙率只有 18%，這其實也不比美國或香港的戒煙服務用已認可治療方法所得到的成功率（一年後約 20%）為高。

## 由一個「持續」換成另一個「持續」

而最重要的一點，就是在一年後，電子煙組持續戒煙的 79 人中，有 80%（63 人）仍然持續在吸電子煙！換言之，他們由一個「持續」（戒煙）換成另一個「持續」（吸電子煙）！「尼古丁上癮」（nicotine dependence）這個根本問題根本沒有解決到！以毒換毒，若果這也算是成功戒煙，也真是要再考慮一下該如何定義戒煙了！

即使刊登在著名期刊裡的研究，其質素也可成疑，那有利害關係的言論更可以是何其的偏頗！利字當頭，生產、批發、零售電子煙朋友們的言論會為大家的健康著想嗎？若果吸煙是最可怕的禍害，那麼任何比起它沒有那麼毒的代替品，是否也可以被人宣揚為「好東西」？而電子煙對健康的害處、成癮的強度，也不見得比傳統煙少；不過其銷售對象通常是年輕人；好奇心、愛新鮮、好有型、愛反叛、愈罵愈要做或許是他們的特質。香港醫學界這次齊心強烈要求政府禁售電子煙，政府也難得聽到這聲音，察覺到若果不及早禁電子煙，對年輕人的傷害與其他惡果定必接踵而來！

參考資料：
*N Engl J Med 2019*; 380:629-637

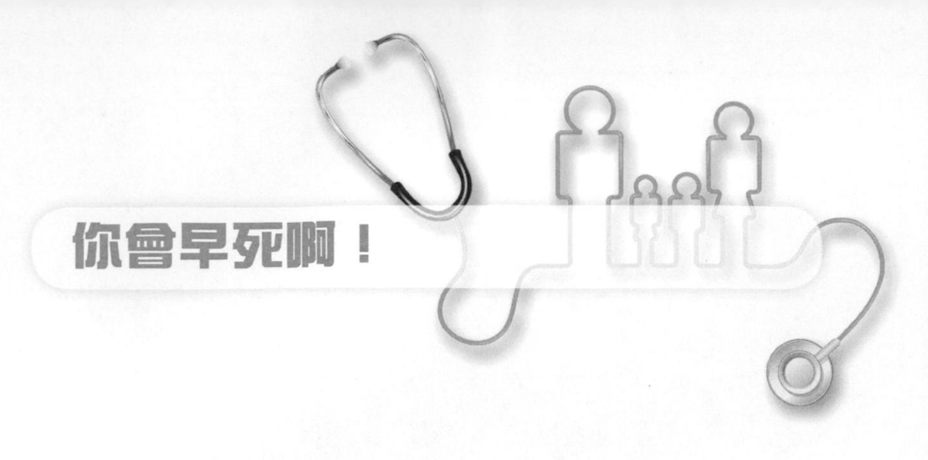

# 你會早死啊！

麗珊今天到醫生處覆診其長期病患，包括高血壓與糖尿病。她現在服用兩血壓兩糖尿藥，身體一直無恙；退休後一直跟丈夫生活，幫助女兒照顧孫兒。她身形微胖，體重近年也沒大變動；自問有戒口，卻不是很嚴格；自問有運動，但並非很積極，就是一個普通平常人（病人）。

今天覆診看上週驗血報告：醫生翻著她的驗血報告，看看麗珊，回頭淡然道：「你的糖尿指數、膽固醇指數都不好，要加大糖尿藥分量，也要加降膽固醇藥。」麗珊對醫生如此簡單直接的建議有些愕然，便問醫生說：「醫生，真的很差嗎？你可以解釋給我聽嗎？」

醫生再望了麗珊一眼，回頭望著報告說：「你的糖化血紅素（HbA1c）是 7.3，高過 7 這個理想水平；你的壞膽固醇是 3.2，高過糖尿病人應有的理想水平 2.6。糖尿病和膽固醇都不好，所以要加藥。」

麗珊回答說：「那我可以戒口戒足些、運動做多些，不加藥可以嗎？」

醫生轉頭望著麗珊，仍是平淡地說：「研究證實，糖尿病、膽固醇控制得不好，會引致中風、心臟病、腎病、要『斬腳』、會眼盲。若果控制得不好，你會早死的啊！」

「會早死的啊！」這句話就像晴天霹靂、五雷轟頂般轟進麗珊腦裡。「我真的會早死嗎？」

## 「實證醫療」裡的「風險」與「機率」

醫生所說的是有「實證醫療」（evidence-based medicine, EBM）為根據。總括臨床研究的結果，糖尿病患者的 HbA1c 每下降 1%（HbA1c 的單位為百分比，是指血液裡血紅素與糖分起了化學作用而變化的比率；長期血糖愈高，此百分比就愈高，是公認用來評估糖尿病控制好壞的最佳指標），可減低中風風險 12%，減低心肌梗塞風險 14%，截肢風險 43%，並減低死亡風險 21%。

將以上的數據反過面來說，就是糖尿病控制不好，會增加死亡風險，也就正是醫生所言：「你會早死的啊！」

將以上的數字，理解為「會早死」，不能說是錯，但距離真確的事實很遠。永遠記著我們通常聽到關於「風險」、「機率」的百分比數字，都是「風險的相對降低」（relative risk reduction）；而最容易理解這術語的真實意義，就是以賭博時中獎「機會的相對增加」來考慮。

若果我在報導見到「增加中六合彩頭獎機會 20% ！」，我應會被吸引去望一眼吧！事實上，若果我已經買了五注六合彩，再多買一注，就是「增加中六合彩頭獎機會 20%」；若果我擲一顆骰子，選兩個數字比選一個數字，也同樣是「增加中獎機會

17%」。兩者的差異，顯而易見。當中最關鍵的分別，就是「中獎」的機會到底有多少：六合彩一注中獎的機會是幾千萬分之一；擲骰子選中一個數字的機會則是六分之一。

同樣是糖尿病人，若果一個是一向病情穩定、無病無痛，而另一個則是病情難控、已經出現了很多併發症，兩者的 HbA1c 同樣下降 1%，兩者實際的得益實在差天共地。若果「死亡率」根本極低，再降 20% 也還是極低；若死亡率本身很高，下降 20% 就是非常大的得益。

近二十年來，EBM 的研究為各種治療方案提供的最科學、最堅實的證據。EBM 將大群體的病人隨機分組，所得出的結論，就是成為各項「臨床指引」（clinical guideline）的根基。但在累積得到 EBM 證據愈多，建立的 EBM 臨床指引愈多的同時，大家漸漸開始發現，如何適當地將這些證據與指引「應用」（apply）到每個病人身上才是更重要的問題。這個問題在「基層醫療」、「預防疾病」的層面，更加需要一個更清晰的答案。

## 「共同參與決定」

傳統醫生高高在上，滿有權威，「我説你跟」的「家長式」（paternalism）溝通，在今時今日真的已經過時了。筆者經常常提到「知情選擇」（informed choice），就是希望病人在掌握到充分的資料後，才作出最適合自己的選擇。更進一步，就是醫生與病人在診症過程中的充分溝通，一起決定合適的診斷、治療、跟進的方案，這在處理慢性疾病中尤其重要。

當中醫生需要將實證醫療所得出的證據，不偏不倚、恰如其分告訴病人。以病人明白的方式來説明，避免使用一些容易誤導的資料（如「風險的相對降低」），更是重中之重。同時病人可以暢所欲言，將自己所著重的優先次序、自己的價值觀和世界觀與醫生分享，醫生則必須尊重與理解病者這些觀點，再與病者一起決定最適合自己個人的方案。這便是近來在醫療中日益提倡的「共同參與決定」（shared decision making, SDM，中文為筆者譯）。

稱職的醫生，一手掌握真實準確的醫學證據，一手體諒扶持著病人，在健康路上一同邁步。

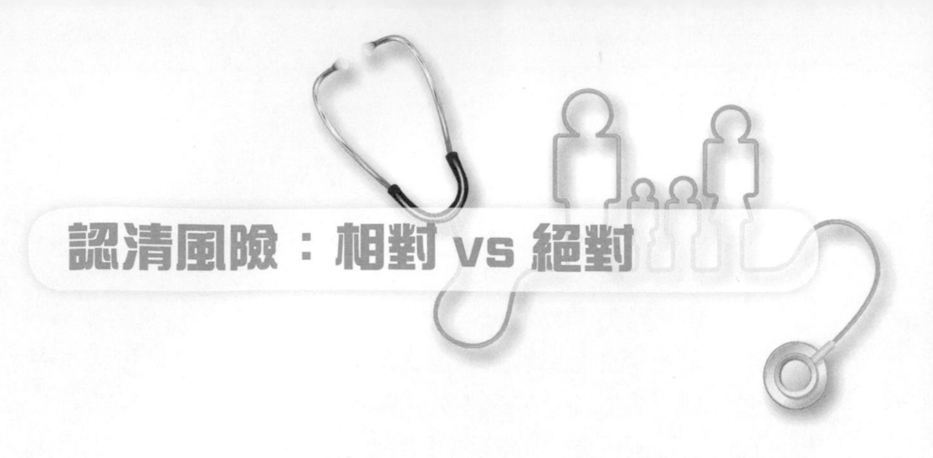

# 認清風險：相對 vs 絕對

在車水馬龍的大街上，不少大巴小巴的車身上都印上各種藥物的臨床療效，作為宣傳廣告。這些移動的廣告往往最令人矚目的，是那些大大的百分比數字：「某某降膽固醇藥可降低心臟病 40%」、「某某藥可降低糖尿病 30%」……驟眼看來，這些數字似乎甚有説服力，但箇中的真正意義究竟是甚麼呢？這是如何運算出來的？是否真的可信賴？

## 風險的相對降低

這些數字其實是代表「風險的相對降低」（relative risk reduction, RRR），是由藥物經臨床隨機對照研究得出來的結果。其計算的方式不大複雜：找出「用實驗藥」一組「出事」的比率（experimental event rate, EER）及「用安慰劑」一組的比率（control event rate, CER），將 CER 跟 EER 相減，再除以 CER，便是 RRR 了。算式如下：

$$RRR = (CER - EER) / CER$$

RRR 的好處是簡單易明，通常以百分比來表達整數數目，叫人印象深刻。但 RRR 的最大問題是不能將有關比率的「實際分量」表達出來。以「他汀」（statin）這最常用的降膽固醇藥物為例，不少大型研究都證明了 statin 在「第二層預防」（已患心腦血管病的最高危者）有一定的效用，各項終點結果，以 RRR 表達都有 20% 左右的減低。然而，在「第一層預防」（沒患上心腦血管病的健康人士）的運算中，即使結果是相近的 RRR，卻可以有很大的差別。

## 賭博的概念

我最愛以賭博來解釋這概念，只要將「出事」換上「贏出」，「風險降低」換上「贏面增加」便可：買「六合彩」，買二注比買一注的「贏面相對增加」為 100%；同樣地，賭「輪盤」買兩注比買一注的相對贏面增加也是 100%；「擲骰子」估數字，買兩個數字比買一個的贏面相對增加也是 100%。

但這三個 100 % 的分別都顯而易見。六合彩買一注或兩注，中頭獎的機會也是數千萬分之一，即使兩注比一注贏出的贏面相對增加為 100%，也總不會「蒯身」去買吧！買輪盤的話，一注的機會為 1/38，兩注的為 2/38，實際勝出的增加便是 1/38 了。買骰子，一注的機會為 1/6，兩注則為 2/6，實際贏出的機會便增加了 1/6。

如此看出，雖然三個數字同樣為 100%，最關鍵的分別還是決定在遊戲本身實際贏出的機率。以同樣方法去看臨床研究，也就清楚很多了：即使治療的 RRR 是個很有説服力的數字，但真實的幫助，最重要的決定因素還是其患病的風險是高或是低。

## 風險的絕對降低

另一方面，「風險的絕對降低」（absolute risk reduction, ARR）的數字更能反映實質風險數字。所謂 ARR，就像上述六合彩的數千萬分之一、輪盤的 1/38、骰子的 1/6，能清楚顯示出風險減低的實際量度。

ARR 的計算方式是簡單地計算 CER 跟 EER 的差別如下：

$$ARR = CER - EER$$

若以一個研究 statin 在「第一層預防」上的功效、稱為 JUPITER 的大型研究為例，在研究平均 1.8 年的跟進期間，服用 statin 實驗組的 8,901 人中有 198 位人士死亡（EER = 2.22%），服用安慰藥對照組的 8,901 人中則有 247 位人士死亡（CER = 2.77%），以上述的方法計算，RRR 是 20%，ARR 則是 0.55%。

這兩個數字都是這研究的客觀表述，但給人的印像卻大有不同。如支持使用 statin 的學者，便可振振有詞地指出 statin「能降低死亡率達 20%」；但對 statin 的用途態度較審慎者，則會說「死亡率的絕對降低只有 0.55%」。由此可見，以不同的方法表達出來，可有完全不同的效果。

ARR 通常是個較細小的數字，不易記，一般人會選擇另一個較清楚易記的說法：這個 ARR 的「倒數」，稱為「需要接受治療的數目」（number needed to treat, NNT=1/ARR）。在 JUPITER 研究中，要預防一名人士死亡之 NNT 便是 182（1/0.0055）。演譯的方法是：在為期 1.8 年間，若有 182 位人士服用 statin，便能預防 1 名人士死亡。其他 181 名（減去了被成功預防的那位幸運兒）則不論是否有服藥也不會在這 1.8 年期間死亡，吃不吃沒有關係，也沒有分別。

## 必須評估每位病人的患病風險

對病人而言，患病的風險和治療的效用往往只有絕對的「有」或「無」。至於自己會否成為幸運被成功預防的那 1 位，還是沒關係沒分別的那 181 位，不同病人可以有完全不同的觀點。舉例説，膽固醇過高絕對不是件好事，大家都應注重健康飲食、恆常運動、控制體重。可是，至於是否需要長期服用 statin，大家就必須弄清楚服用的目的到底僅是為了降低那膽固醇的數字，還是為了得到一個實質及有意義的絕對風險降低。

對於 statin 在「第一層預防」上之效用，現今仍是有相當大的疑問，尤其是在「低危」一族的效用。例如一個集合了 11 個臨床對照研究的「薈萃分析」（meta-analysis）中，就顯示出在第一層預防服用 statin 並不能降低總死亡率。作為獨立（不受藥廠利益所影響）、以病人福祉為最終考慮（必須平衡每項治療的利與弊）的前線醫生，必須具備批判性思考，細心及全面地評估每位病人的患病風險，考慮每位病人各有不同的想法和擔憂，跟病人一起找出最終的共識，才是個稱職的全科家庭醫生。

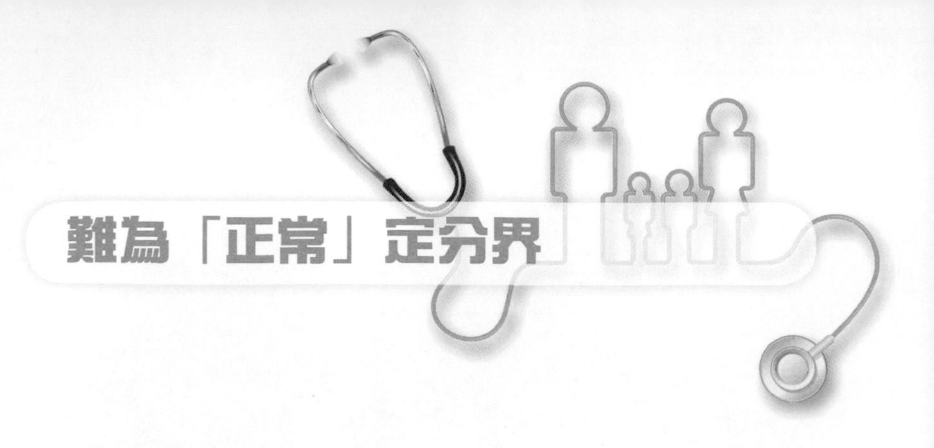

# 難為「正常」定分界

社會競爭激烈，每個人似乎都要努力表現自己才能取得成功。「突出過人」、「出類拔萃」，就是要比其他人更加出眾。但在醫學層面，大家所追求的，卻只是做一個「正常」人。診症時，病者最關心的問題，往往就是自己是否「正常」：「我的血壓正常嗎？」「我的體重符合正常標準嗎？」「驗血／檢查的結果正常嗎？」

當醫生面帶笑容，回答說：「一切正常，放心。」病人往往立時如釋重負。但當醫生面色一沉，正色地道：「化驗報告有些不正常，要……」有些病人在聽到「不正常」三字時，心已經立即如墜冰窖，之後醫生所說的已再聽不入耳了。

「正常」與「不正常」對一般人而言，似乎是一個二元對立、黑白分明的關係。但在醫學的斷症和篩選檢查上，「正常」與「不正常」卻是經由不同的理論定義出來，而在實際臨床運用時亦有所不同。清楚了解每一個正常與不正常的真正意義，才能計劃好下一步的處理。醫學上最少有六個根據不同理論定義出來的「正常」，適用於不同的臨床情況。

## 一、常態分布

第一個正常是根據「常態分布」（normal distribution）而定義的。「常態分布」為統計學的基本概念，其中最重要的兩個指數為「平均值」（mean）與「標準偏差」（standard deviation）。若某個資料為常態分布時，其分布圖是一個對稱的「大鐘形」，平均值就正好處於大鐘的中央，而標準偏差的大小就決定了大鐘的闊窄。

人口裡某些生理的資料是作常態分布的，例如成人的身高，當中自然是中等身材的人為最多，極高大或極矮細的則較少。常態分布下的「正常」，通常就是指平均值加與減兩個標準偏差 (Mean+/- 2 standard deviations) 之內的範圍。這個範圍包涵了 95% 的「正常」人口，而「不正常」的 5% 則平分在大鐘形分布圖之左右兩側，代表了該資料最低與最高 2.5% 的人。以高度為例，最矮與最高的各 2.5% 人口，就被定義為「不正常」了。

## 二、百分點 (percentile)

第二個正常也是以統計理論而定：百分點 (percentile)。將該資料的數值由小到大排列出來，將每個數值鎖定於百分點。以此方去來定義，排列出來的最低和最高的幾個百分點便屬不正常。例如兒童的體重就以此方法來定義正常：最輕的 3%「瘦仔」和最重的 3%「肥仔」就會被定義為「不正常」。

以上兩個定義之正常，基本上都是與類型相似的人直接互相比較，使用在臨床上或有缺陷。以統計學來說，姚明必定是個高度不正常的中國男性，但當年揚威 NBA 的他卻完全是個健康的正常人。又如果一對體形都是矮小的父母，誕下了一個矮小的孩子，到達不正常的標準，但其成長速度卻為正常時，實際上又有何不正常呢？

## 三、大眾文化的追求

第三個正常是基於大眾文化所追求的定義。就以體形為例，現今大眾所追捧模特兒般的纖瘦身形，是很多女士們趨之若鶩的「正常」身形。纖體減肥的商業活動便應運而生，更將沒有達到這「嚴格標準」的體形標籤為「不正常」，並冠以不少負面的稱呼。但若果以唐朝時代所流行的豐滿身形來看，那麼纖瘦的身形肯定會被視為不正常呢！故此，「俗成約定」的正常，盡量不應套用在醫學上，以避免不必要的標籤效應和混淆。

## 四、風險因素

第四個正常是以「風險因素」（risk factor）而定義出來的。沒有致病的風險因素就是正常；若帶有風險因素，那就是不正常了。例子極多，如高血壓為中風與冠心病之風險因素；骨質疏鬆症為骨折之危險因素；乙型肝炎帶菌（實為病毒）為肝癌之最重要風險。但必須留意，帶有風險因素的人在被發現為不正常時，其實絕大多數都是健康無病的，卻因此被冠上「不正常」之標籤。另外，若果在好好控制了該風險因素後，如高血壓患者在用藥後血壓保持正常，患病的風險應與正常人無異，那麼應視之為正常還是不正常呢？

## 五、診斷檢驗結果

第五個正常是以診斷檢驗的結果而定義，這亦是病者最為關心的問題。現今大多數的檢驗都經過量化而以一些數值來表達，並以一個有上限及下限的「參考範圍」（reference range）來定義正常。一個最理想的檢驗，最好就能將有患病與無患病的人，經過檢驗後，以正常或不正常的結果，黑白分明地分辨出來。

但現實上，每個檢驗都有其灰色地帶，往往令醫生最感棘手，叫病人最受困擾。 例如某檢驗為一個「腫瘤指標」（tumor marker），其參考範圍為 0 至 10 個單位。假如化驗值為 9 時，病者和醫者是否都能心安呢？若化驗結果為 11 時，那又是否代表病者已患有該腫瘤呢？

每個檢驗都有其特質，在臨床使用時最重要的考慮則為其「靈敏度」（sensitivity）與「特異度」（specificity）。想像檢驗為一個捕魚網，目的是要將所有大魚打撈出來，而將細小的魚仔、蝦毛等放生，那捕魚網網格的大小便成為關鍵的因素。檢驗的靈敏度與特異度，就是取決於網格的大小。

一個靈敏度很高的檢驗，就是一個網格很小的網，永不會捉漏，可謂「有殺錯、無放過」。這個靈敏度高的網，最好是作為初步檢查，或作全民篩查之用，將所有可能患病的人先行尋找出來，並安排作進一步之核實檢驗。但檢驗出來的「不正常」，當中卻有很多根本是沒有患病，即是所謂的「假陽性」（false positive）。至於在這個網之外的，則相當肯定患病的機率極微，可叫病者安心。

而一個特異度很高的檢驗，則為一個網格很大的網，凡落入網中的必定是大魚，即幾可肯定為真正有患病的人，永不會捉錯。故這個「特異度」很高的網，最好是用作最終確診之用，肯定找出來「不正常」的皆為患病。但同時因為網格過大，無可避免有不少「漏網之魚」，即患了病卻又「逃過」了這個檢驗的病人，這便是「假陰性」（false negative）的問題了。

每個檢驗都是靈敏度與特異度相互折衷的結果，其「取捨點」（cutoff） 則要視乎該檢驗的真正目的為何。選擇不同的取捨點，檢驗出來的「正常」「不正常」自有不同的意義。

另外要考慮的，就是檢驗到底是在甚麼臨床背景下應用。例如在基層醫療，絕大多數的求診者都是正常、健康的大眾，以或然率來考慮，患上重病的機率實在不高。家庭醫生會先裝備好充足的流行病學知識，清楚了解每個疾病的特點。在臨床問症和身體檢查後，仔細考慮面前這位求診者患上某疾病的可能，並決定替病者進行最合適的檢驗。通過這過程，檢驗得出來的「正常」或「不正常」結果才是更準確、更有說服力、更能幫助計劃下一步的處理。

## 六、治療效果

第六個正常則是以「治療」的效果來定義。若果有充足的臨床治療研究成果，證實某風險因素到達某水平，在接受治療後為利多於弊的話，則可以定義為「不正常」。就以高血壓為例，因為很多大型臨床研究證實愈早治療血壓上升的長遠益處愈大，故「正常／不正常」血壓的界定就因此不斷降低：現今普遍仍然以

140/90mmHg 為上限（美國某些最新的建議為 130/80mmHg，令不正常的美國人忽然由 32% 上升到 46% ！）；若患者同時患有糖尿病，正常的血壓則定義為 130/80mmHg。

但隨著醫療科學的發展，愈來愈多新的治療方法湧現，並經臨床研究證實其功效。以這個定義來看，那自然會製造更多的「不正常」，即愈來愈多人需要接受各式各樣的治療，這個反面就是帶來「醫療化」（medicalization）的結果。

正常與不正常，實在有極強烈的標籤效應。對病人而言，關心的當然是自己正常與否，卻往往不能清楚明白「正常」的含義。因此，醫生實在有責任向病者解釋清楚每個正常與不正常背後的真正意義，並在跟進時協助病者作出最明智的決定。

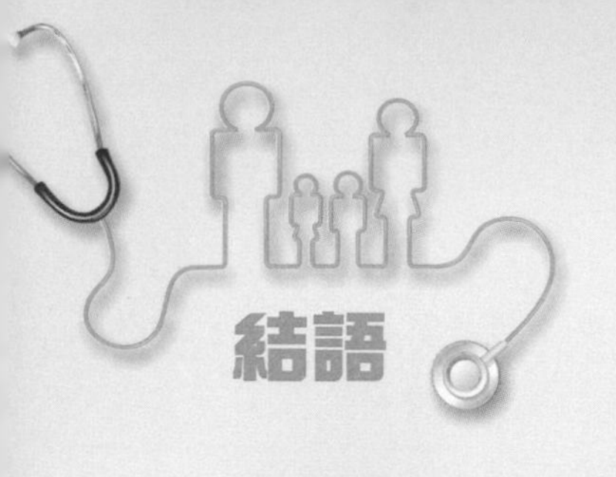


# 家庭醫學，改變世界

每年 DSE 考試放榜，多位尖子「狀元」都表示希望入讀本地大學的醫科，將來成為醫生，服務人群。相信他們大部分都可以如願以償，在新學年考進醫學院，踏上醫學教育的第一步。

在以往習醫的年代，醫學教育大致分開為頭兩年的「臨床前期」（pre-clinical）和後三年的「臨床期」（clinical）。「臨床前期」跟其他的大學學科相似，學習醫學的基礎科目，如解剖學、生理學、生物化學、藥劑學等，基本是上課、做解剖、做實驗，並不需要接觸病人；「臨床期」則以各個醫學專科為單元，醫學生分科學習內科、外科、骨科、兒科、婦產科、精神科等醫院裡的各大專科，其間醫科學生主力「進駐」醫院內不同專科的病房，從各專科住院的真實病人處學習。醫科生以「病患」為本，學習各病患的徵狀、診斷、檢驗、治療、預後與其他病患的異同等。

## 在課程中加入「社區」實習元素

在二〇一七年九月舉行的香港家庭醫學學院四十周年學術會議上，主禮嘉賓之一 Prof. Amanda Howe 在其題目為「醫學教育的未來發展——家庭醫學能否產生全球性的影響？」的全體演講中，回顧了一九七七年英國醫學教育的課程概要，也就如上述的狀況。Howe 教授當時是「世界家庭醫生組織」（WONCA）的主席（現任主席是我們香港的李國棟醫生），也是英國東英吉利大學諾域治醫學院基層醫療學系的教授。她改良學院的醫學課程，希望新的醫學課程可以更完善地綜合理論與實踐，以「跨學科」的模式來傳授知識；更重要的，是在整個課程中都加入在「社區」裡的實習，改變了以往只著重「醫院」內的學習。

我們致力推動家庭醫學在本港的發展，Howe 教授在演説中也為我們打氣，説明了家庭醫學在全球發展迅速的三個原因：家庭醫學回應了全體人民在醫療上的真正需要；家庭醫學也符合政府在控制醫療成本上的需求；而發展強健的基層醫療系統更需要家庭醫學提供良好的全科醫療服務。

## 建立強健的基層醫療有益處的證據

Howe 教授又回顧了建立強健的基層醫療有益處的證據：有更多基層醫療家庭醫生服務的地區，人們整體健康情況更好；保障全民的基層醫療服務可以減少醫療結果不平等的情況；醫療系統裡基層醫療的特質愈強，整體人民愈健康；基層醫療服務的質與量愈好，便會更少卻更善用醫院的服務；將基層醫療納入醫療系統裡，可以降低整體醫療開支。這些重要發現都是已故 Prof. Barbara Starfield 在她研究全球各地醫療體系後所得出的強力證據。

同時，世界不停在變，關於健康與疾病的特質也不斷在變：

許多國家地區的公共衛生日益進步，直接令大眾健康普遍得到大大改善；現代的個人健康則更加受到其生活方式（如缺少運動）與職業及習慣（手機成癮？）所影響；隨著人口老齡化，有更多「健康」的老人家；雖謂健康，大部分老人家都有眾多的「共存病患」（co-morbidities）與更多的長期「非傳染病」（non-communicable diseases）需要處理好；新科技帶來新的診斷與治療方法，每項新發明都聲稱可以為醫療帶來革命，但如何善用、如何避免誤用濫用方是真正挑戰；醫學界確定了心理層面對健康與疾病的意義，更重視其長期後遺影響；全球化突破了地域界限，同時也令地區性傳染病隨時跨境傳播；全球化亦加劇了城鄉差異、貧富懸殊，因而影響當中人民的健康。

## 病人與醫生對彼此的期望有變化

病人的醫學見識更廣，期望更高水準但更低風險、更多的選擇、更高的效率的醫療，希望得到「適合個人」（personalized）同時亦非常專業的意見；醫生的決定有更多的實證支持，更受法規監管，更有考慮成本的意識；病人對治療成果有更高的要求，但同時會更加迴避風險；不同醫療專業有更明顯的界限，更多的分裂隔離；跟上一代醫生不同，現今一代醫生更重視自己工作與生活的平衡。

為了回應這一切變化，世界衛生組織在二〇一〇年提出了「全民健康覆蓋」（universal health coverage）的目標：確保所有人都獲得切合其所需、有質素而且有效的衛生服務，並且在付費時不必經歷財務困難。若要達成全民健康覆蓋，這系統必須是病人可以方便使用、經濟上可以負擔、有效並可以接受、可以持續承擔照顧責任。當中的先決條件，就是推動政府去建立一個強健的基層醫療系統。

家庭醫生是基層醫療的踐行者，應該怎樣為未來的醫療發展出力？

家庭醫生必須通過經驗學習，跟同業、醫療團隊、病者與社區攜手同行；同時實踐並制定持續專業發展（CPD, continuous professional development）；在臨床層面作領導，督導在社區裡工作的員工、培訓實習的學生，和其他專科的醫生共同商討診治方案；掌握各種新科技的特點與局限，預備更廣泛的全球挑戰，與時並進，與人並肩。

Howe 教授特別強調家庭醫生在各層面裡的教育領導力：在國家與決策層面必須發言，闡明家庭醫生的角色；在大學醫學教育與專業培訓層面必須進佔有力地位，將家庭醫學的要義傳遞給所有同業；最後就是要收集研究數據，證明家庭醫學在教育上所達到的成果。

教授的結語，就是「家庭醫學可在全球產生最大影響！」。本文的題目絕非我等家庭醫生妄自尊大，而是回應這結語，反映我們一個謙卑的願景。

# 家庭醫生——守護健康最前線

作者　　　顏寶倫醫生
總編輯　　葉海旋
編輯　　　黃秋婷
書籍設計　三原色創作室
內文相片　istockphoto.com（p.50）
出版　　　花千樹出版有限公司
地址　　　九龍深水埗元州街 290-296 號 1104 室
電郵　　　info@arcadiapress.com.hk
網址　　　www.arcadiapress.com.hk
印刷　　　美雅印刷製本有限公司
初版　　　2020 年 7 月
ISBN　　　978-988-8484-61-4



本書內容僅作學術討論及知識交流。身體狀況因人而異，本書提及的診斷及治療方法未必適合每一位讀者，如有疑問，宜諮詢註冊醫生的專業意見。